D1831600

ऊर्जा-संकट और हमारा भविष्य

ऊर्जा-संकट और हमारा भविष्य

गुणाकर मुले

राजकमल प्रकाशन

ISBN : 978-81-267-2364-5

मूल्य : ₹ 395

© शांति गुणाकर मुले

पहला संस्करण : 2013
दूसरा संस्करण : 2023

प्रकाशक : राजकमल प्रकाशन प्रा.लि.
1-बी, नेताजी सुभाष मार्ग, दरियागंज
नई दिल्ली-110 002

शाखाएँ : अशोक राजपथ, साइंस कॉलेज के सामने, पटना-800 006
पहली मंजिल, दरबारी बिल्डिंग, महात्मा गांधी मार्ग, प्रयागराज-211 001
1, अनमोल सोराबजी संतुक लेन, धोबी तलाव, मरीन लाइंस, मुम्बई-400 002
वेबसाइट : www.rajkamalprakashan.com
ई-मेल : info@rajkamalprakashan.com

मुद्रक : बी.के. ऑफसेट
नवीन शाहदरा, दिल्ली-110 032

URJA-SANKAT AUR HAMARA BHAVISHYA
by Gunakar Muley

इस पुस्तक के सर्वाधिकार सुरक्षित हैं। प्रकाशक की लिखित अनुमति के बिना इसके किसी भी अंश को, फोटोकॉपी एवं रिकॉर्डिंग सहित इलेक्ट्रॉनिक अथवा मशीनी, किसी भी माध्यम से, अथवा ज्ञान के संग्रहण एवं पुनःप्रयोग की प्रणाली द्वारा, किसी भी रूप में, पुनरुत्पादित अथवा संचारित-प्रसारित नहीं किया जा सकता।

यह पुस्तक उन देशवासियों को समर्पित, जो ऊर्जा संकट का सामना कर, उससे उबारने का प्रयास करने में जुड़े हैं।

–शांति गुणाकर मुळे

प्राक्कथन

आज लगभग सारा संसार ऊर्जा-संकट का सामना कर रहा है और हमारा देश भी इस संकट से वंचित नहीं है। कुछ देशों में ऊर्जा-संकट की स्थिति इतनी विकट है कि इसका सामना युद्ध स्तर पर किया जा रहा है।

वर्तमान ऊर्जा-संकट का प्रभाव समाज के सभी वर्गों पर पड़ रहा है। कोयला और तेल की कमी से किसानों, कारखानों और घरेलू उपयोग के लिए बिजली का नियमित मिलना कठिन हो गया है। आज साधारण जन यह जानने के लिए इच्छुक है कि इस संकट का निवारण कब और कैसे होगा?

खनिज तेल की कमी और उसके मूल्यों में अत्यधिक वृद्धि के कारण हमें सौर-ऊर्जा, परमाणु-ऊर्जा, तप्तकुंड-ऊर्जा, ज्वार-भाटा तथा पवन-ऊर्जा की ओर ध्यान देना होगा। क्योंकि ऊर्जा के ये स्रोत सस्ते तथा न खत्म होने वाली ऊर्जा है।

बिजली हमारी मूल-भूत आवश्यकता है। मगर जिस रफ्तार से इसकी खपत हो रही है उस हिसाब से भविष्य में हम इससे वंचित हो सकते हैं। लगभग 1800 ई. तक समाज में ऊर्जा तथा शक्ति के प्रमुख साधन लकड़ी का ईंधन, पालतू जानवरों की ताकत और गुलामों की मेहनत थी। जब उन्नीसवीं सदी में ऊर्जा के नए साधनों का इस्तेमाल होने लगा तभी सदियों पुरानी दास प्रथा को खत्म करना संभव हुआ। मानव समाज का विकास ऊर्जा के साधनों से जुड़ा हुआ है।

हम ज्यादा-से-ज्यादा बिजली बचाने की कोशिश करें। भारत में थर्मल और हाइड्रो-इलेक्ट्रिक ढंग से बिजली पैदा की जाती है। इनका मूल स्रोत कोयला और पानी है। कोयला अब खत्म हो रहा है और पानी की भारी कमी और बर्बादी हो रही है। दोनों ओर से काफी खतरे हैं। हमारी जरूरतों के अनुसार हमें ऊर्जा के नए विकल्पों को अपनाना चाहिए। जैसे सौर-ऊर्जा (सोलर एनर्जी)। यह कभी खत्म न होने वाली ऊर्जा है। जब तक सूर्य है तब तक बिजली मिलेगी। सौर-ऊर्जा से टी.वी., पंखा वाटर पंप, फ्रिज और सोलर कुकर का इस्तेमाल किया जा सकता है। ग्रामीण लोगों के लिए यह अमूल्य तोहफा है।

गुजरात के कच्छ में देश का सबसे बड़ा सौर-ऊर्जा पार्क है। जो 1500 हेक्टेयर में फैला हुआ है। इससे 2000 मेगावाट बिजली का उत्पादन होता है। 2022 तक सौर-ऊर्जा से 10 हजार मेगावाट बिजली उत्पन्न हो सकेगी। बाघों के लिए मशहूर सुंदरवन में 50 से ज्यादा घरों में सोलर सिस्टम का इस्तेमाल किया जा रहा है। यहां सौर-ऊर्जा से रिक्शा और गाड़ियां चल रही हैं। गुड़गांव में सोलर एनर्जी से लगभग 1100 टन कार्बन उत्सर्जन में भी प्रतिवर्ष कमी हो रही है।

हमारे देश में जल-विद्युत उत्पादन की सुविधा भी उपलब्ध है। देश में जितना विद्युत उत्पादन हो रहा है उसका 40 प्रतिशत भाग, जल विद्युत से हो रहा है। इसमें लागत भी कम आती है। सन् 1902 में मैसूर में 4500 किलोवाट क्षमता से शुरू हुई शिव समुद्रम योजना आरंभ हुई और 1914 में 50,000 किलोवाट प्रस्थापित क्षमता की खोपोली पन बिजली योजना का सूत्रपात हुआ जिससे मुम्बई और पूना के महानगरों को बिजली देने की व्यवस्था की गई। हमें सौर-ऊर्जा, नाभिकीय-ऊर्जा, पवन-ऊर्जा, ज्वार-भाटा, जैविक-ऊर्जा, ईंधन सेल, तप्तकुण्डों की ऊर्जा तथा परमाणु विद्युत कार्यक्रम को सफल बनाना होगा।

ऊर्जा-संकट से निपटने के लिए परमाणु-ऊर्जा का विकास करना आवश्यक ही नहीं अनिवार्य भी है। ऊर्जा-संकट से मुक्ति हमें परमाणु-ऊर्जा से ही मिल सकती हैं। परमाणु-ऊर्जा में द्रव्य को बहुत थोड़ी मात्रा के विखंडन से बड़े पैमाने पर ऊर्जा प्राप्त करना व्यावहारिक रूप से संभव है। इसके लिए जिस युक्ति का अविष्कार हुआ वह 'नाभिकीय रिएक्टर' कहलाती है। नाभिकीय रिएक्टर एक युक्ति है जिसमें धीरे-धीरे परमाणु-ऊर्जा प्राप्त होती है। इसके लिए तीव्र रिएक्टर बनाए गए हैं, जैसे तारापुर-परमाणु बिजली घर। हमारे देश की 50,000-60,000 मेगावाट बिजली की कमी को सिर्फ परमाणु-ऊर्जा के द्वारा ही पूरी कर सकते हैं।

हमारे वैज्ञानिक और प्रौद्योगिकीविद् ऊर्जा-संकट का समाधान खोज निकालेंगे। सौर-ऊर्जा या तापनाभिकीय-ऊर्जा, परमाणु-ऊर्जा के नए साधन भविष्य में हमारे इस ऊर्जा-संकट का अवश्य ही निवारण कर देंगे। ऊर्जा के साधनों के मामले में मानव जाति का भविष्य अंधकारमय नहीं है। बारहवीं पंचवर्षीय योजना के अंतर्गत ऊर्जा के संकट का निवारण करने में हमारे वैज्ञानिक सफल हो जाएँगे। भविष्य में हम इस संकट से मुक्ति पा सकेंगे।

उन्होंने (श्री गुणाकर मुळे जी) सिर्फ अध्याय ही लिखे थे। सभी परिशिष्ट उनके लेखों का संपादन करके ऊर्जा-संकट पुस्तक में जोड़े गए हैं। क्योंकि ये लेख मुझे उपयोगी लगे। कचरे से ऊर्जा, जल-ऊर्जा तथा ज्वार-भाटा से ऊर्जा अध्याय मैंने लिखे हैं और फोटो लगाए। इसे यह रूप देने में मेरे कम्प्यूटर सहायक श्री मुकेश कुमार का विशेष योगदान रहा।

आशा है कि 'ऊर्जा-संकट और हमारा भविष्य' पुस्तक हमारे पाठकों के लिए उपयोगी सिद्ध होगी।

—शांति गुणाकर मुळे

'अमरावती'
सी-210, पांडव नगर, दिल्ली-110092
1 अप्रैल, 2012

अनुक्रमणिका

प्राक्कथन 7

1. ऊर्जा के नए स्रोत क्या होंगे? 13-28
2. सौर-ऊर्जा 29-38
3. जल-ऊर्जा 39-42
4. पवन-ऊर्जा 43-50
5. तप्तकुंड-ऊर्जा 51-55
6. तापनाभिकीय-ऊर्जा 56-65
7. परमाणु-ऊर्जा 66-72
8. प्लाज्मा-ऊर्जा 73-76
9. एम.एच.डी. (मैग्नेटो-हाइड्रो-डाइनेमिक्स) 77-82
10. जैविक-ऊर्जा (कचरे से ऊर्जा) 83-85
11. ज्वार-भाटा-ऊर्जा 86-89

परिशिष्ट

1. खाली आकाश है ऊर्जा का भंडार 93-98
2. भारी पानी का खेल 99-103
3. भारत का प्रमुख परमाणु ईंधन 104-108
4. परमाणु-विस्फोट-गाथा एलमोगोर्दो से पोखरण तक 109-129
5. प्लूटोनियम की राजनीति 130-132
6. फास्ट ब्रीडर रिएक्टर 133-136
7. परमाणु विस्फोट (क्या और क्यों?) 137-149
8. परमाणु-ऊर्जा – फायदे और खतरे 150-158
9. परमाणु कचरे को दफनाने की समस्या 159-162
10. पारिभाषिक शब्दावली 163-164

ऊर्जा-संकट और हमारा भविष्य

अध्याय-1

ऊर्जा के नए स्रोत क्या होंगे?

आज वस्तुस्थिति यह है कि दुनिया के किसी भी देश की सम्पन्नता उसके लिए उपलब्ध ऊर्जा के साधनों पर निर्भर करती है। जिस देश के पास ऊर्जा एवं शक्ति के जितने अधिक साधन हैं वह उतनी ही अधिक तेजी से तरक्की कर सकता है। ऊर्जा की प्रचुर उपलब्धि मानव जाति की एक प्राथमिक आवश्यकता बन गई है। इसीलिए आजकल ऊर्जा के साधनों को अधिकाधिक मात्रा में उपलब्ध कराने पर सर्वाधिक बल दिया जाता है, भविष्य के ऊर्जा-संकट के बारे में गहरी चिंता प्रकट की जाती है।

आज हमारे देश में प्रति व्यक्ति ऊर्जा की खपत अमेरिका की तुलना में पचास गुना कम है। फिर भी हालत यह है कि हम अपनी जरूरतों के लिए पर्याप्त खनिज तेल प्राप्त नहीं कर पाते, कोयला नहीं जुटा पाते। आज यह स्थिति है, तो भविष्य में क्या होगा? यदि हम ऊर्जा के पर्याप्त साधन नहीं जुटा पाएंगे, तो देश की बढ़ती आबादी का भरण-पोषण किस प्रकार कर पाएंगे? निश्चय ही ऊर्जा के साधनों की समस्या एक गंभीर समस्या है, दुनिया के सभी देशों के लिए। लेकिन इस मामले में भी हताश होने की या निराशावादी बनने की जरूरत नहीं है। हमारे अपने जीवनकाल में ही ऊर्जा के कई सारे नए स्रोत खोजे गए हैं। निकट भविष्य में ऊर्जा के और भी कई प्रचुर स्रोत उपलब्ध होंगे। हमें इन्हीं नए स्रोतों की जानकारी प्राप्त करनी है। देखना है कि 21वीं सदी में

ऊर्जा के कौन-कौन-से नए स्रोत उपलब्ध होने की संभावना है। लेकिन भविष्य की संभावनाओं पर विचार करने के पहले ऊर्जा के साधनों की मौजूदा स्थिति को समझना जरूरी है, और अतीत के ऊर्जा-साधनों पर भी एक नजर डाल लेना उपयोगी होगा।

सुदूर अतीत की बात छोड़ दीजिए, गुप्त सम्राटों के उस युग में ही लौटिए जिसे हमारे इतिहासकार 'स्वर्णयुग' का नाम देते हैं। उस समय ऊर्जा और शक्ति के कौन-से साधन उपलब्ध थे? अधिकतर मानव-शक्ति और पशु-शक्ति का ही

चित्र 1.1 : मानव-शक्ति व पशु-शक्ति

इस्तेमाल होता था। केवल नौसंचालन में ही हवा की शक्ति का इस्तेमाल होता था। इसके अलावा, कुछ पनचक्कियां भी शायद चलती होंगी। लकड़ी का ईंधन प्रचुर मात्रा में उपलब्ध था। परंतु अभी खनिज तेल और कोयले की किसी को जानकारी नहीं थी। किसी भी प्राचीन संस्कृत ग्रंथ में खनिज कोयले के इस्तेमाल के बारे में

चित्र 1.2 : पवन जहाज

जानकारी नहीं मिलती। दरअसल, यह 'कोयला' शब्द ही संस्कृत भाषा का नहीं है। यही स्थिति खनिज तेल की है। गुप्तकाल के काफी बाद के कुछ संस्कृत ग्रंथों में हमें 'पारसिक तेल', 'तुरुष्क तेल'–जैसे शब्द देखने को मिलते हैं, जो इस बात के प्रमाण हैं कि उस समय तक हमारे देश में खनिज तेल की खोज नहीं हुई थी।

तेल तथा कोयले के युग का आरंभ

मानव को कोयले तथा तेल की जानकारी हजारों साल पहले मिल गई थी। प्राचीन संस्कृत ग्रन्थों में मिट्टी के तेल के लिए पारसिक तेल तथा तुरुष्क तेल शब्दों का इस्तेमाल हुआ है। अतः लगता है कि ईसा की आरंभिक सदियों में भी ईरान में कहीं पर अल्प मात्रा में कच्चे तेल को एकत्र किया जाता था। भूतपूर्व सोवियत संघ में बाकू के समीप कुछ स्थानों पर कच्चा तेल जमीन पर भी जमा हो जाता था। वहाँ के एक पुराने मंदिर में तेल या गैस की आग सतत जलती रहती थी, इसलिए उसे ज्वालामाई का मंदिर भी कहते थे। तीन-चार सदियों पहले भारत के साधु-संन्यासी अक्सर वहाँ जाकर रहते थे।

बाकू के क्षेत्र में थोड़ी गहराई पर ही तेल मिल जाता था। इसलिए आज से करीब तीन सौ साल पहले वहां कुछ गहरे कुएँ खोदकर पानी की तरह तेल निकाला जाता था। चमड़ों के थैलों में भरकर यह तेल दूर-दूर के प्रदेशों को भेजा जाता था। परन्तु अभी विशाल स्तर पर तेल का उत्पादन संभव नहीं था।

आधुनिक भारत में तेल की खोज का किस्सा बड़ा दिलचस्प है। सन् 1859 ई. की बात है। अंग्रेजों की एक कंपनी असम में लेडो से डिब्रुगढ़ तक रेल-पटरी बिछाने का काम कर रही थी। जंगली प्रदेश था, इसलिए हाथियों से भी काम लिया जा रहा था। एक दिन एक हाथी किसी डबरे में आराम करके कैम्प लौटा। कंपनी के इंजीनियरों ने देखा कि उस हाथी का बदन किसी काली चिकनी चीज से सना हुआ है। उन्होंने हाथी के पैरों के निशानों का अनुकरण करके उस डबरे की खोज की। वहां उन्होंने देखा कि मिट्टी का तेल ऊपर आ रहा है। फिर क्या था, अंग्रेज अधिकारियों ने आदेश दिया–डिग बॉय! तब से वह स्थान डिगबोई कहलाया!

असम ऑयल कंपनी की स्थापना हुई। फिर अंग्रेजों की बर्मा ऑयल कंपनी, डिगबोई में भारत का प्रथम तेल-शोधक कारखाना स्थापित किया। तदनंतर ही वर्तमान सदी की शुरुआत से भारत में तेल का कुछ विधिवत उत्पादन होने लगा। संसार के अन्य तेल क्षेत्रों से भी वर्तमान सदी की शुरुआत से ही तेल का अधिक उत्पादन होने लगा है। तदनंतर ही तेल के बहुत सारे नए क्षेत्रों की खोज हुई है।

कुछ तेल क्षेत्रों में प्राकृतिक गैस भी मिलती है। यह एक सस्ता, साफ और बड़ा उपयोगी ईंधन है। हमारे देश में असम और गुजरात के तेल क्षेत्रों में प्राकृतिक गैस मिलती है और अल्प मात्रा में बिजली पैदा करने में इसका इस्तेमाल भी होता है। अमेरिका और सोवियत रूस में बड़ी मात्रा में प्राकृतिक गैस के भंडार मिले हैं। अमेरिका में ऊर्जा की एक-चौथाई मांग प्राकृतिक गैस से पूरी होती है। अब कोयले से भी गैस पैदा करना संभव है। वस्तुतः कोयला, तेल तथा प्राकृतिक गैस में उत्पत्तिजनक काफी साम्य है और इन तीनों ईंधनों में निहित ऊर्जा मूलतः सूर्य की ऊर्जा है।

क्या कोयला एवं तेल के भंडार खत्म हो जाएंगे?

हमसे कुछ पहले यूरोप के देशों को कोयले की और पश्चिम एशिया के देशों को खनिज तेल की जानकारी मिली। भारत में कोयले का खनन अठारहवीं सदी के अंतिम चरण में शुरू हुआ, परंतु सही माने में इसका औद्योगिक उत्पादन पिछली सदी के प्रथम चरण से आरंभ हुआ।

अठारहवीं सदी में जब लोहे तथा इस्पात के निर्माण की नई विधियाँ खोजी गई और भाप से चलने वाले इंजनों का आविष्कार हुआ तो पहली बार कोयले को महत्व मिला। तेल को कुछ बाद में महत्व मिला। धरातल की चट्टान में छेद करके आधुनिक पद्धति का तेल का पहला कुआं 1859 ई. में अमेरिका में तैयार हुआ। परंतु तेल को विशेष महत्व तभी प्राप्त हुआ जब पिछली सदी के अंतिम दशकों में पहली बार पेट्रोल से चलने वाले इंजन बने और वर्तमान सदी के आरंभ में मोटरों तथा विमानों जैसे वाहनों के युग का आरंभ हुआ।

भारत में सतह पर पाए जाने वाले कोयले का इस्तेमाल बहुत प्राचीन काल से होता रहा है। लोहे के औजार बनाने की जानकारी रखने वाले नवागत आर्यों ने लोहे के खनिज तथा कोयले के लिए ही सप्तसिंधु तथा कुरुक्षेत्र से राजगृह तक की दौड़ लगाई थी। उनके पहले इस प्रदेश में बसे हुए भारत के मूल निवासी मुंडा वंश के लोग तांबे के औजार ढालने के लिए कोयले का इस्तेमाल करते होंगे। परन्तु जमीन के भीतर से कोयला निकालना अठारहवीं सदी के उत्तरार्ध में ही संभव हुआ। हमारे देश में कोयले की पहली खान रानीगंज में 1774 ई. में खोदी गई, परन्तु इस क्षेत्र से कोयले का विधिवत उत्पादन 1814 ई. से ही शुरू हुआ।

भारत में खनिज तेल की खोज पिछली सदी के मध्यकाल में हुई। असम में तेल का पहला कुआं 1859 में खोदा गया था। दरअसल, वर्तमान सदी में ही इन दोनों खनिजों का अधिकाधिक उत्पादन एवं उपयोग हुआ है। अन्य शब्दों में, ऊर्जा

के इन दो बड़े वर्तमान साधनों का इस्तेमाल पिछले करीब सौ वर्षों में ही सर्वाधिक हुआ है। फिर भी आज यह स्थिति है कि हम इन साधनों की जबर्दस्त त्रुटि महसूस कर रहे हैं। कल-कारखानों को, बिजलीघरों को ये ईंधन पर्याप्त मात्रा में उपलब्ध नहीं हो रहे हैं। जनसाधारण को भी घरेलू इस्तेमाल के लिए ऊर्जा के ये साधन सुविधा से उपलब्ध नहीं हो रहे हैं। ऐसी स्थिति क्यों?

खनिज तेल और कोयले के बारे में महत्वपूर्ण बात यह है कि हमारी धरती में इनके भंडार असीम नहीं हैं। धरती के भीतर अब कोई नया तेल या कोयला तैयार नहीं हो रहा है। करोड़ों साल पहले जैव-जगत से जो तेल और वनस्पति-जगत से जो कोयला बनकर तैयार हो गया था, उसी को हम प्राप्त कर सकते हैं, इस्तेमाल कर सकते हैं। तेल के कुएं पानी के कुएं नहीं हैं देर-सबेर तेल एवं कोयले के भंडार अवश्य समाप्त हो जाएंगे।

दुनिया के खनिज तेल एवं कोयले के भंडार कब तक समाप्त हो जाएंगे, इसके बारे में विभिन्न वैज्ञानिकों ने तरह-तरह के अनुमान प्रकट किए हैं। इस संदर्भ में यह ध्यान में रखना जरूरी है कि, 2020 ई. तक दुनिया की आबादी करीब 10 अरब हो जाएगी, और तब आज से करीब पांच गुना अधिक ऊर्जा की खपत होगी। इक्कीसवीं सदी के मध्यकाल में जब दुनिया की आबादी 15 अरब होगी, ऊर्जा की खपत आज से 30 गुना अधिक होगी।

परमाणु-ऊर्जा के शांतिमय उपयोगों के बारे में 1955 में जेनेवा में एक अंतरराष्ट्रीय सम्मेलन हुआ था। इसमें सम्मिलित हुए वैज्ञानिक इस निष्कर्ष पर पहुंचे थे कि तेल और कोयले के शेष भंडार आगे के करीब डेढ़ सौ वर्षों में समाप्त हो जाएंगे। जेनेवा में ही 1964 में आयोजित ऐसे ही एक अंतरराष्ट्रीय सम्मेलन में डॉ. होमी भाभा ने मत व्यक्त किया था कि यदि प्रतिवर्ष विद्युत-ऊर्जा की खपत पांच प्रतिशत भी बढ़ती जाती है, तो भी लगभग 75 वर्षों में, यानी 2040 तक कोयले के भंडार समाप्त हो जाएंगे।

परंतु आजकल अनेक वैज्ञानिक ऊर्जा के इन स्रोतों के बारे में इतनी अधिक निराशाजनक भविष्यवाणियां नहीं करते। कारण यह है कि दुनिया के अनेक क्षेत्रों में तेल व कोयले के नए भंडार प्राप्त हो रहे हैं, इसके अलावा, सागरों के नीचे भी खनिज तेल के भंडार प्राप्त हो रहे हैं। हमारे देश में ही पिछले चंद दशकों में तेल के कई नए भंडारों की खोज हुई है। इसलिए अनेक वैज्ञानिक अब कुछ आशावादी भविष्यवाणियां करने लगे हैं। आर्थर क्लार्क का विश्वास है कि भविष्य में अधिक गहराई के भू-स्तरों से कोयला, तेल और अन्य खनिज प्राप्त करना संभव होगा। लेकिन वह भी स्वीकार करते हैं कि तेल एवं कोयले जैसे ईंधन आगे की

कुछ सदियों तक ही टिक सकते हैं। उसके बाद ये ईंधन सदा के लिए समाप्त हो जाएंगे।

अतः निकट भविष्य का ऊर्जा के मामले में जो चित्र हमारे सामने उभरता है, वह यह है कि तेल एवं कोयले के नए भंडार प्राप्त होंगे, समुद्रतल से भी काफी अधिक मात्रा में ये खनिज प्राप्त किए जाएंगे। परंतु यदि आगामी कुछ दशकों में ऊर्जा के नए प्रचुर स्रोत उपलब्ध नहीं होते, तो तेल एवं कोयले जैसे परंपरागत स्रोतों का संकट निरंतर बना रहेगा। और, हम यह भी जानते हैं कि प्रचुर ऊर्जा के अभाव में सर्वत्र भयंकर हाहाकार मच जाएगा। परंतु अधिकांश वैज्ञानिकों का मत है कि ऐसे महासंकट की नौबत नहीं आएगी। उन्हें पूरा विश्वास है कि निकट भविष्य में ऊर्जा के कई नए स्रोत उपलब्ध हो जाएंगे। दरअसल, इन नए स्रोतों की तेजी से तलाश हो रही है। आइए, हम देखें कि ऊर्जा के ये नए स्रोत कौन-कौन-से हैं।

परमाणु-ऊर्जा का अभ्युदय

सबसे पहले हम परमाणु-ऊर्जा पर विचार करेंगे। परमाणु-ऊर्जा की खोज वर्तमान सदी में ही हुई है। 1905 में आइंस्टाइन ने एक प्रसिद्ध सूत्र के जरिए हमें जानकारी दी कि द्रव्य को ऊर्जा में बदला जा सकता है। फिर परमाणु को विखंडित करना संभव हुआ। यह भी जानकारी मिली कि सूर्य तथा तारों में पैदा होने वाली ऊर्जा वस्तुतः परमाणु-ऊर्जा है। फिर, अगस्त, 1945 में, एक अतिविनाशक विस्फोट के

चित्र 1.3 : तारापुर परमाणु बिजलीघर-1 व 2 (तारापुर, महाराष्ट्र)

रूप में इस परमाणु-ऊर्जा का प्रदर्शन हुआ। फिर एक अन्य प्रकार की परमाणु-ऊर्जा का – हाइड्रोजन बम का – 1952 में पहली बार प्रदर्शन हुआ।

दरअसल, परमाणु-ऊर्जा दो प्रकार की है: एक, परमाणुओं के विखंडन की ऊर्जा, और दूसरी परमाणुओं के संगलन की ऊर्जा। एटम-बम की ऊर्जा यूरेनियम एवं प्लुटोनियम के परमाणुओं के विखंडन की ऊर्जा है। हाइड्रोजन-बम की ऊर्जा हाइड्रोजन के विशिष्ट परमाणुओं का संगलन होकर हीलियम के नाभिक में रूपांतरण होने से प्राप्त होने वाली ऊर्जा है। इस दूसरी प्रकार की ऊर्जा को तापनाभिकीय ऊर्जा भी कहते हैं।

एटम-बम की प्रक्रिया में बहुत सारे परमाणुओं का एक साथ विखंडन होकर एक भयंकर विस्फोट के साथ इस ऊर्जा का उत्सर्जन होता है। परंतु इस ऊर्जा को नियंत्रित रूप में प्राप्त करने में भी सफलता

चित्र 1.4 : नरौरा परमाणु बिजलीघर-1 व 2
(नरौरा, उत्तर प्रदेश)

चित्र 1.5 : मद्रास परमाणु बिजलीघर-1 व 2
(कलपक्कम, तमिलनाडु)

चित्र 1.6 : राजस्थान परमाणु बिजलीघर-1 व 2
(रावतभाटा, राजस्थान)

मिल गई है—वर्तमान सदी के छठे दशक से। हमारे देश में तारापुर एवं राणाप्रताप सागर के परमाणु बिजलीघरों में इसी प्रकार की परमाणु-ऊर्जा पैदा करके बिजली पैदा की जाती है।

विखंडन की इस परमाणु-ऊर्जा का बुनियादी ईंधन है यूरेनियम तत्व। इसमें भी एक विशिष्ट प्रकार के यूरेनियम परमाणुओं से 238 – यूरेनियम-235 – से सुविधापूर्वक बिजली पैदा की जा सकती है। पर सामान्य यूरेनियम-238 में

चित्र 1.7 : फास्ट ब्रीडर कार्यक्रम

यूरेनियम-235 के परमाणुओं की मात्रा 1 प्रतिशत से भी कम होती है। इसलिए स्पष्ट है कि केवल यूरेनियम-235 के स्रोत पर हम आश्रित नहीं रह सकते।

सौभाग्य से, अधिक मात्रा में उपलब्ध यूरेनियम-238 को भी ऊर्जा के एक नए स्रोत में परिवर्तित करने की विधि हमें मालूम हो गई है। यह यूरेनियम-238 तीव्रगामी न्यूट्रानों के जरिए प्लूटोनियम में बदल जाता है। और, यह प्लूटोनियम ऊर्जा का एक शक्तिशाली स्रोत है। इससे बम बनाए जा सकते हैं, बिजली भी पैदा की जा सकती है।

अब यह भी जानकारी मिल चुकी है कि एक विशिष्ट प्रकार के रिएक्टरों में, जिन्हें 'ब्रीडर रिएक्टर' कहते हैं, यूरेनियम-238 का सीधे इस्तेमाल हो सकता है। इस प्रकार, अब हम लगभग समूचे उपलब्ध यूरेनियम का ऊर्जा प्राप्त करने के लिए इस्तेमाल कर सकते हैं। यह एक बहुत बड़ी सफलता है। कई देशों में प्रायोगिक स्तर के ब्रीडर रिएक्टर अस्तित्व में आ चुके हैं।

हमारे देश का निकट भविष्य का परमाणु-ऊर्जा का प्रोग्राम इन्हीं ब्रीडर रिएक्टरों पर आधारित है। हमारे लिए इन ब्रीडर रिएक्टरों का महत्व इसलिए भी अधिक है कि हम इनमें अपने देश में प्रचुर मात्रा में उपलब्ध थोरियम ईंधन का इस्तेमाल कर सकेंगे। यूरेनियम की तरह थोरियम से भी परमाणु-ऊर्जा प्राप्त कीं जा सकती है।

परमाणु बिजलीघरों का निर्माण अभी 25 वर्ष पहले ही शुरू हुआ है। आज संसार में लगभग 125 परमाणु बिजली-घर चल रहे हैं.। अमरीकी परमाणु-ऊर्जा आयोग के अनुसार, 2020 ई. तक अमेरिका में परमाणु-ऊर्जा से करीब पचास प्रतिशत बिजली का उत्पादन संभव होगा। सोवियत वैज्ञानिकों का भी अनुमान है कि 2020 ई. तक दुनिया में पैदा की जाने वाली समस्त ऊर्जा में परमाणु-ऊर्जा का हिस्सा करीब 25-30 प्रतिशत होगा; यह ऊर्जा लगभग 20 अरब टन खनिज ईंधन के बराबर होगी।

परंतु खनिज तेल एवं कोयले की तरह यूरेनियम एवं थोरियम के भंडार भी असीम नहीं हैं। ये परमाणु ईंधन बहुत दूर तक हमारा साथ नहीं दे सकते। अनेक वैज्ञानिकों का मत है कि करीब चार-पांच सौ साल के भीतर यूरेनियम एवं थोरियम के भंडार भी समाप्त हो जाएंगे। और फिर, यूरेनियम से प्राप्त की जाने वाली ऊर्जा के साथ एक बड़ी कठिनाई है। विखंडन की परमाणु-ऊर्जा में रेडियोधर्मी तत्वों की 'राख' पैदा होती है। इसे आगे की अनेक सदियों तक नष्ट कर पाना संभव नहीं है। यह राख मानव जाति के लिए बड़ी खतरनाक सिद्ध हो सकती है। अतः जिस प्रकार तेल एवं कोयले से प्राप्त की जाने वाली ऊर्जा या बिजली के निर्माण के

साथ पर्यावरण के दूषित होने की समस्या जुड़ी हुई है, उसी प्रकार यूरेनियम से प्राप्त की जाने वाली ऊर्जा के साथ इसकी 'राख' को सुरक्षित रखने की विकट समस्या जुड़ी हुई है। इस समस्या का अभी समाधानकारक हल प्राप्त नहीं हुआ है।

आइजक एसिमोष ने भविष्य के लिए सुझाव दिया है कि हमें इस खतरनाक राख को राकेटों के जरिए बाह्य अंतरिक्ष में भेज देना चाहिए, जहां गुरुत्वाकर्षण के नियम के अंतर्गत यह जमा रहेगी। उदाहरण के लिए, परमाणु-ऊर्जा की इस राख को पृथ्वी से ढाई लाख मील की दूरी पर और चंद्रमा से ढाई लाख मील की दूरी पर अंतरिक्ष में एकत्र किया जा सकता है।

परंतु एक अन्य प्रकार की भी परमाणु-ऊर्जा है—तापनाभिकीय ऊर्जा। इस ऊर्जा को एक महाविस्फोट के रूप में, हाइड्रोजन-बम के रूप में, प्राप्त करने में हमें सफलता मिल चुकी है। ब्रह्मांड के सभी तारों में इसी तापनाभिकीय ऊर्जा का निर्माण होता है। हाइड्रोजन के विशिष्ट परमाणु, ड्यूटोरियम और ट्रिटियम, के संगलन से यह ऊर्जा पैदा होती है। इस प्रक्रिया में पैदा होने वाली ऊर्जा की मात्रा भी बहुत अधिक होती है। ड्यूटोरियम एवं ट्रिटियम के एक पौंड मिश्रण से लगभग 10 हजार टन कोयले के बराबर ऊर्जा प्राप्त की जा सकती है। विशेष बात यह है कि तापनाभिकीय ऊर्जा के उत्पादन में कोई विशेष खतरनाक राख पैदा नहीं होती।

एक सर्वाधिक प्राप्त ईंधन : हाइड्रोजन

इस तापनाभिकीय ऊर्जा के बारे में महत्वपूर्ण बात यह है कि इसके लिए बुनियादी ईंधन विपुल मात्रा में उपलब्ध है। यह ईंधन है हाइड्रोजन। हमारी धरती पर पानी के एक घटक के रूप में काफी अधिक मात्रा में हाइड्रोजन मौजूद है। सागरों के पानी से यह हाइड्रोजन प्राप्त किया जा सकता है। अतः आगे के हजारों वर्षों के लिए हमें इस ईंधन की कमी नहीं रहेगी। सौर-मंडल के दूसरे कई ग्रहों पर भी हाइड्रोजन मौजूद है। दरअसल, आज विश्व में हाइड्रोजन तत्व ही सर्वाधिक मात्रा में पाया जाता है।

परंतु इस तापनाभिकीय ऊर्जा को नियंत्रित रूप से प्राप्त करने में अभी सफलता नहीं मिली है। संसार के विकसित देशों में, विशेषतः अमेरिका और भूतपूर्व सोवियत रूस में, इस दिशा में जोरदार प्रयत्न जारी हैं, और कुछ प्रायोगिक सफलताएं भी मिली हैं। मुख्य कठिनाई यह है कि ड्यूटोरियम एवं ट्रिटियम के नाभिकों का संगलन करीब डेढ़ करोड़ डिग्री सेंटीग्रेड के तापमान पर होता है। दूसरी बड़ी समस्या यह है कि इतने ऊंचे तापमान वाले द्रव्य को एक पात्र में धारण करना होता है।

चित्र 1.9 : अमेरिका द्वारा 1 नवम्बर, 1952 को प्रशांत महासागर के एक प्रवाल द्वीप पर अपने पहले हाइड्रोजन-बम का विस्फोट।

फिर भी लघु स्तर पर ये समस्याएं सुलझाने में काफी सफलता प्राप्त हुई है। भूतपूर्व सोवियत रूस में 'तोकोमक' नामक विशिष्ट संयंत्रों में, शक्तिशाली विद्युत चुंबकीय क्षेत्रों के जरिए, इस अति उच्च तापमान वाले द्रव्य को, प्लाज्मा को, धारण करने

की समस्या को सुलझाया जा रहा है। इधर के वर्षों में 'अंगारा' नामक संयंत्रों का निर्माण हुआ है, जिनमें लेसर-किरणों के जरिए उच्च तापमान प्राप्त किया जाता है।

कुछ निराशावादी वैज्ञानिक सोचते हैं कि अगली सदी के अंत तक ताप-नाभिकीय ऊर्जा से बिजली पैदा कर पाना संभव नहीं होगा। परंतु अनेक वैज्ञानिकों को विश्वास है कि वर्तमान सदी के अंत तक इस ऊर्जा की समस्याएं सुलझ जाएंगी। अतः इस बात की बहुत संभावना है कि हम अपने जीवनकाल में ही तापनाभिकीय ऊर्जा से पैदा की गई बिजली को देख पाएंगे। इक्कीसवीं सदी के मध्यकाल के हमारे उत्तराधिकारी ऊर्जा-संकट का सामना नहीं करेंगे। विशेष बात यह है कि तब ऊर्जा-उत्पादन से पर्यावरण के दूषण की समस्या भी समाप्त हो जाएगी।

यह एक काफी आशावादी चित्र है। लेकिन क्या तब तक राजनीतिक एवं सामाजिक परिस्थितियां ऐसी होंगी कि दुनिया के सभी देशों को इस ऊर्जा के स्रोत उपलब्ध हो जाएंगे? आज स्थिति यह है कि विकासशील देशों को परमाणु-ऊर्जा की तकनीकी के लिए विकसित देशों के सामने नतमस्तक होना पड़ता है। आज हमें तारापुर बिजलीघर के लिए ही ईंधन प्राप्त करने में कठिनाई हो रही है। तापनाभिकीय ऊर्जा के क्षेत्र का अनुसंधान-कार्य अत्यंत खर्चीला है। इंग्लैंड-जैसे देश ने भी इस क्षेत्र के अपने अनुसंधान-कार्य को स्थगित कर दिया है। ऐसी स्थिति में यह प्रश्न बना ही रहता है कि, क्या ऊर्जा का यह नया प्रचुर स्रोत सभी देशों को सुविधा से उपलब्ध हो जाएगा?

मूलतः सूर्य की ऊर्जा

वर्तमान सदी के मध्यकाल तक आदमी ने जितने भी ईंधनों का इस्तेमाल किया है, उनकी ऊर्जा मूलतः सूर्य की ऊर्जा है। वनस्पति की हरीतिमा एक विशिष्ट पद्धति से सूर्य-किरणों की ऊर्जा ग्रहण करती है। फिर वनस्पति में समाई हुई यह ऊर्जा पशुओं को मिलती है, हमें मिलती है।

वैज्ञानिक हमें जानकारी देते हैं कि आज से करीब छः करोड़ साल पहले धरती पर जो विशाल पेड़ थे, उन्हीं से कोयला बना है और समुद्रतल की छोटी-छोटी वनस्पति पर जीवित रहने वाले अनगिनत क्षुद्र प्राणियों के शरीरावशेषों से तेल बना है। आज कोयले व तेल की उत्पत्ति का मान्य सिद्धान्त यही है। सूर्य की किरणों की ऊर्जा से कोयले व तेल में निहित रासायनिक ऊर्जा तक इसके रूपान्तर की प्रक्रिया काफी जटिल है, परन्तु इतना निश्चित है कि यह मूलतः सूर्य की ही ऊर्जा

है। तेल, गैस, कोयला, लकड़ी आदि में निहित ऊर्जा के लिए अब रासायनिक ऊर्जा नाम रूढ़ हो गया है। ऑक्सीजन के सम्पर्क में आने पर यह ऊर्जा तापीय ऊर्जा में बदल जाती है। आगे इसे यांत्रिक ऊर्जा या विद्युत ऊर्जा में बदला जा सकता है।

सौर-ऊर्जा : सभी ऊर्जाओं का मूल स्रोत

ऊर्जा का एक और विपुल स्रोत है, जो भविष्य के ऊर्जा-संकट को काफी हद तक सुलझा सकता है। यह है सौर-ऊर्जा। दरअसल, परमाणु-ऊर्जा की खोज होने के पहले ऊर्जा के जितने भी स्रोत उपलब्ध थे, वे सभी किसी-न-किसी रूप में बुनियादी तौर पर सौर-ऊर्जा के ही विविध रूप थे। इस धरती पर जीव-जगत का उद्भव एवं विकास सौर-ऊर्जा के कारण ही संभव हो पाया है। खनिज तेल एवं कोयले की ऊर्जा मूलतः सूर्य से प्राप्त की गई ऊर्जा है। लकड़ी की ऊर्जा दरअसल सौर-ऊर्जा है। पनचक्कियों और पवनचक्कियों से प्राप्त होने वाली ऊर्जा मूलतः सौर-ऊर्जा है। संक्षेप में, परमाणु-ऊर्जा की खोज होने तक मानव ने जितनी भी ऊर्जाओं का इस्तेमाल किया है, उस सबका स्रोत सौर-ऊर्जा में निहित है। क्या

(1)

(2)

(3)

(4)

(5)

(6)

चित्र 1.10 : (1) 120 किलो हॉर्स पॉवर प्लांट कल्यापारा (पश्चिमी बंगाल, भारत)
(2) 6 किलो हॉर्स पॉवर प्लांट (छत्तीसगढ़, भारत)
(3) 100 किलो हॉर्स पॉवर प्लांट (लक्ष्यद्वीप, भारत)
(4) .00 किलो हॉर्स पॉवर प्लांट (पश्चिमी बंगाल, भारत)
(5) 2 किलो हॉर्स पॉवर प्लांट (उत्तरांचल, भारत)
(6) 1.5 किलो हॉर्स पॉवर प्लांट (बिहार, भारत)

पर्याप्त मात्रा में निरंतर प्राप्त होने वाली यह सौर-ऊर्जा हमारे ऊर्जा-संकट को दूर नहीं कर सकती?

इस दिशा में भी तरह-तरह के अनुसंधान जारी हैं। सौर-ऊर्जा प्रचुर मात्रा में उपलब्ध तो है, पर समस्या है इसे एकत्र करने की, इसे विद्युत में परिवर्तित करने की। विभिन्न तरीकों से सौर-ऊर्जा को उपयोगी बनाने में प्रायोगिक सफलताएं मिलती जा रही हैं। सौर-सेलों को लीजिए। इनके जरिए सौर-ऊर्जा को सीधे विद्युत-ऊर्जा में बदला जा सकता है। ऐसे सौर-सेलों का इस्तेमाल करके ही अंतरिक्ष-यानों के लिए विद्युत-ऊर्जा प्राप्त की जाती है। आज दिक्कत यह है कि इन सौर-सेलों के निर्माण में भयंकर खर्च आता है। जिस दिन सस्ते सौर-सेलों का निर्माण संभव हो जाएगा, उस दिन से घर-घर में इनका इस्तेमाल शुरू हो जाएगा। घर की छत पर इन सौर-सेलों का एक पैनल बिछा दीजिए, आपको परिवार की जरूरतों के लिए पर्याप्त ऊर्जा प्राप्त हो जाएगी।

सौर-ऊर्जा को विशाल पैमाने पर एकत्र करके ऊष्मा में बदला जा सकता है और फिर इसे विभिन्न प्रकार से इस्तेमाल में लाया जा सकता है। कई ऐसे प्रायोगिक मकान बनाए गए हैं, जिनमें सौर-ऊर्जा से गर्मी प्राप्त की जाती है, गर्म पानी प्राप्त किया जाता है। हमारे देश में भी इस दिशा में प्रयोग हो रहे हैं, सौर-कूकर तैयार किए गए हैं। परंतु आज इस सौर-ऊर्जा के बारे में कठिनाई यह है कि इसे पर्याप्त मात्रा में प्राप्त करके सुविधा से इस्तेमाल में नहीं लाया जा सकता। भारत जैसे उष्ण-कटिबंधीय देशों में प्रचुर सौर-ऊर्जा उपलब्ध है। इसलिए भविष्य की दृष्टि से हमारे लिए इसका बड़ा महत्व है। यह मुफ्त में प्राप्त होने वाली ऊर्जा है। इसके स्रोत के लिए हमें एक पैसा भी खर्च करने की जरूरत नहीं है। विशेष बात यह है कि जब तक सूर्य है तब तक हमें यह ऊर्जा प्राप्त होती रहेगी। इस ऊर्जा के साथ प्रदूषण की भी कोई बात नहीं है। यही कारण है कि अनेक वैज्ञानिक सौर-ऊर्जा के विकास पर अधिक बल देते हैं। अनेक वैज्ञानिक भविष्यवाणी करते हैं कि आगे की दो सदियों के भीतर सहारा के मरुक्षेत्र के एक-तिहाई भाग से ही इतनी सौर-ऊर्जा प्राप्त करना संभव होगा कि उससे सारी दुनिया की ऊर्जा की आवश्यकता पूरी हो सके। इस दृष्टि से हमारे देश के राजस्थान के रेगिस्तानी क्षेत्र का भी बड़ा महत्व है।

मूलतः सौर-ऊर्जा में ही निहित ऊर्जा के ऐसे अनेक स्रोत हैं जिनका विकास किया जा सकता है। अब पनचक्कियों की परिणति जल-विद्युत में हो गई है। पर पवनचक्कियों की शक्ति को आगे नहीं बढ़ाया गया है। संसार के ऐसे अनेक क्षेत्र हैं जहां साल के अधिकतर महीनों में जोर की हवाएं चलती हैं। ऐसे क्षेत्रों में

पवन-संयंत्र स्थापित किए जा सकते हैं। हमारे देश में दक्षिण के पालघाट क्षेत्र में ऐसे संयंत्र खड़े किए जा सकते हैं।

धरती के गर्भ में गर्म भाप, गर्म पानी और पिघली हुई गर्म चट्टानों के रूप में ऊर्जा का बहुत बड़ा भंडार जमा है। हमारे देश में कई स्थानों पर गर्म पानी के सोते पाए जाते हैं। ऐसे स्थलों से भूतापीय ऊर्जा प्राप्त की जा सकती है। इस दिशा में भी अनुसंधान-कार्य जारी है।

समुद्रों में आने वाले ज्वार-भाटे से ऊर्जा प्राप्त करने की दिशा में प्रायोगिक स्तर पर अनुसंधान जारी है। नीदरलैंड और फ्रांस में इस दिशा में काफी सफलताएं मिली हैं। हमारे देश में भी सुंदरवन के क्षेत्र में इस दिशा में कुछ सर्वेक्षण-कार्य हुआ है।

कुछ वैज्ञानिकों ने समुद्र के जल से ताप-ऊर्जा प्राप्त करने का एक और अद्भुत तरीका सुझाया है। महासागरों के कुछ क्षेत्रों में ऊपरी सतह के पानी में और निचली सतह के पानी में तापमान का अंतर लगभग 35 डिग्री रहता है। तापमान के इस अंतर का इस्तेमाल करके सागर-सतह पर तरंगते विद्युत-जनित्र स्थापित किए जा सकते हैं। इस प्रकार काफी अधिक विद्युत-ऊर्जा प्राप्त की जा सकती है।

परित्यक्त जैव-सामग्री में पर्याप्त ऊर्जा समाई रहती है। इस ऊर्जा का ईंधन के रूप में इस्तेमाल संभव है। इससे विद्युत पैदा करने की दिशा में भी प्रयोग किए जा रहे हैं।

कुछ वैज्ञानिक नए ऊर्जा-स्रोतों के लिए सौर-मंडल के अन्य पिंडों में आश्रय खोजते हैं। चंद्रतल पर सौर-ऊर्जा को एकत्र करके उसे धरती पर प्राप्त करने की योजनाएं प्रस्तुत की गई हैं। अन्य ग्रहों से बड़े पैमाने पर परमाणु-ईंधन आयातित करने की योजनाएं भी प्रस्तुत की गई हैं।

इस प्रकार हम देखते हैं कि आज ऊर्जा का संकट भले ही आरंभ हो गया हो, पर निकट भविष्य में यह संकट समाप्त हो जाएगा, इस बात की अधिकांश वैज्ञानिकों को पूरी उम्मीद है। यह बात नहीं है कि सभी वैज्ञानिक आशावादी हैं। फ्रेड होयले ऊर्जा की समस्या के बारे में भी घोर निराशावादी दृष्टिकोण रखते हैं। वह समझते हैं कि अगली सदी में ऊर्जा का संकट भयंकर रूप धारण कर लेगा।

परंतु इस बात की कोई संभावना नहीं है। कारण यह है कि द्रव्य और ऊर्जा एक ही वस्तु के दो रूप हैं। हम यह भी जान चुके हैं कि द्रव्य को ऊर्जा में बदला जा सकता है, और ऊर्जा को द्रव्य में बदला जा सकता है। इसलिए जहां द्रव्य

विद्यमान है, वहां उसे देर-सबेर ऊर्जा के सुविधाजनक रूप में बदला ही जा सकता है। इसीलिए हम पूर्णतः आशांवित हैं कि ऊर्जा की समस्या निश्चय ही सुलझ जाएगी।

आर्थर क्लार्क ने ठीक ही कहा है कि “द्रव्य या ऊर्जा के अभाव से हमें भयभीत होने की जरूरत नहीं है। हमें सर्वाधिक भय है केवल एक बात का–हमारे अपने दिमाग खोखले हो जाने का।”

अध्याय-2

सौर-ऊर्जा

कभी-कभी हम सस्ती या मुफ्त मिलने वाली चीज की बड़ी उपेक्षा करते हैं। सौर-ऊर्जा के साथ भी ऐसा ही हुआ है। कोयला या तेल उपलब्ध न होता तो आज हम निश्चय ही बड़े पैमाने पर सौर-ऊर्जा का इस्तेमाल करते होते। परमाणु-ऊर्जा या नाभिकीय ऊर्जा को प्राप्त करने के लिए हमने जितना प्रयत्न किया है या पैसा लगाया है, उतना यदि हम सौर-ऊर्जा के अनुसंधान में खर्च करते तो अब तक इस मुफ्त, स्वच्छ एवं प्रचुर स्रोत वाली ऊर्जा के इस्तेमाल के अनेक साधन उपलब्ध हो जाते। बहरहाल, अब सौर-ऊर्जा का महत्व सभी समझ रहे हैं।

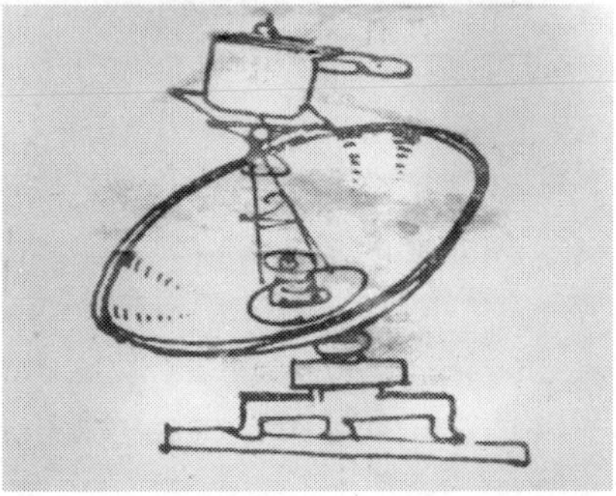

चित्र 2.1 : सौर-ऊर्जा, जो मुफ्त प्राप्त की जा सकती है।

हमारा सूर्य विशाल ब्रह्मांड का एक सामान्य तारा है। नौ प्रमुख ग्रह, जिनमें हमारी पृथ्वी एक है, इस पिंड की परिक्रमा करते हैं। सूर्य में हमारी पृथ्वी से 3,30,000 गुना अधिक द्रव्य है और यह गैसीय

अवस्था में है। सूर्य के गैसीय गोले का व्यास लगभग 14 लाख किलोमीटर है। हमारी पृथ्वी करीब 15 करोड़ किलोमीटर की दूरी से एक साल में सूर्य की एक परिक्रमा पूरी करती है। यानी सूर्य की ऊर्जा 15 करोड़ किलोमीटर का अंतर पार करने के बाद हमारी पृथ्वी पर पहुंचती है। एक सेकंड में 3,00,000 किलोमीटर दौड़ने वाली सूर्य की किरणें यह अंतर करीब आठ मिनटों में तय करती हैं।

सूर्य में हाइड्रोजन गैस की प्रधानता है। सूर्य की केंद्रीय भट्ठी में, जहां तापमान करीब डेढ़ करोड़ डिग्री सेंटीग्रेड रहता है और दाब हमारे करोड़ों वायु-मंडलों के बराबर हाइड्रोजन के नाभिकों का संगलन होकर हीलियम की 'राख' तैयार होती रहती है। इस प्रक्रिया में बड़ी मात्रा में तापनाभिकीय ऊर्जा पैदा होती है। यह वही ऊर्जा है जो स्वल्प मात्रा में हाइड्रोजन-बम के विस्फोट में पैदा होती है। हाइड्रोजन-बम में जहां चंद किलोग्राम हाइड्रोजन हीलियम में बदल जाता है, वहां सूर्य में प्रति सेकंड 5640 लाख टन हाइड्रोजन 5600 लाख टन हीलियम 'राख' में बदल जाता है। अर्थात्, प्रति सेकंड 40 लाख टन द्रव्य पूर्णतः ऊर्जा में बदल जाता है। हमारा सूर्य पिछले करीब पांच अरब साल से अपने द्रव्य को इसी रफ्तार से खर्च करता आ रहा है और इसमें अभी इतना अधिक द्रव्य शेष है कि यह आगे के पांच अरब साल तक इसी प्रकार जलता रहेगा। इसका अर्थ यह है कि हम आगे के पांच अरब साल तक सौर-ऊर्जा का इस्तेमाल करते रह सकते हैं। ऊर्जा का अन्य कोई भी स्रोत इतने लंबे समय तक हमारा साथ नहीं दे सकता।

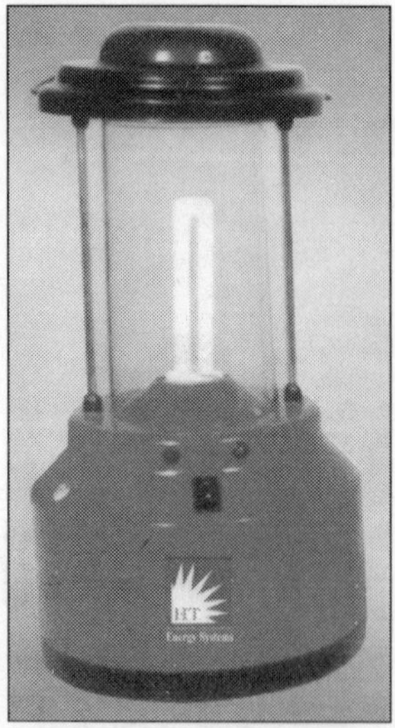

चित्र 2.2 : सोलर लालटेन

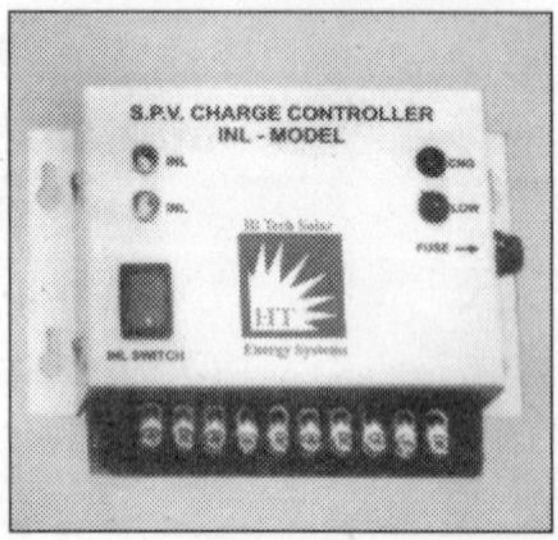

चित्र 2.3 : एम.एस. ल्यूमनरिस

चित्र 2.4 : चार्ज कंट्रोलर यूनिट

सूर्य की केंद्रीय भट्ठी में विविध किरणों तथा परमाणु-कणों के रूप में जो भीषण ऊर्जा पैदा होती है, वह धीरे-धीरे इसकी ऊपरी सतहों में पहुंचती जाती है। इस प्रक्रिया में इस ऊर्जा की तीव्रता काफी कम हो जाती है। केंद्रीय भट्ठी से सूर्य की सतह करीब सात लाख किलोमीटर 'ऊपर' है। दीर्घकाल तक अनेकानेक टकरावों के अनंतर जब यह ऊर्जा सूर्य-सतह पर पहुंचती है, तो इसका तेज काफी फीका हो जाता है। जहां सूर्य की केंद्रीय भट्ठी में तापमान डेढ़ करोड़ डिग्री सेंटीग्रेड रहता है, वहां सूर्य-सतह से यह ऊर्जा चारों ओर के अंतरिक्ष में फैल जाती है। पंद्रह करोड़ किलोमीटर की दूरी से सूर्य की परिक्रमा करने वाली हमारी पृथ्वी इस ऊर्जा का एक स्वल्पांश ही ग्रहण करती है। सूर्य चारों ओर से अंतरिक्ष में जितनी ऊर्जा का उत्सर्जन करता है, उसका केवल दो अरबवां हिस्सा ही हमारी पृथ्वी को मिलता है। सूर्य की यह ऊर्जा विभिन्न किरणों के रूप में पृथ्वी के ऊपरी वायुमंडल में पहुंचती है। इनमें से कई प्रकार की किरणें वायुमंडल द्वारा ऊपर ही रोक ली जाती हैं। मुख्यतः प्रकाश किरणें ही धरातल तक पहुंचती हैं। परंतु सूर्य की इतनी ही ऊर्जा हमारे लिए पर्याप्त है। सूर्य की इसी ऊर्जा के सहयोग से कोई दो अरब साल पहले हमारी धरती पर प्राथमिक जीवों का प्रादुर्भाव हुआ था। इसी ऊर्जा से धरती के जीव-जगत का पालन-पोषण होता आया है। परमाणु-ऊर्जा के अलावा शेष सभी प्रकार की ऊर्जा मूलतः सूर्य की ऊर्जा है।

चित्र 2.5 : सौर-ऊर्जा

रासायनिक ईंधनों के मूल में सौर-ऊर्जा

कोयला, तेल, प्राकृतिक गैस, लकड़ी आदि ईंधनों में समाई ऊर्जा मूलतः सूर्य की ऊर्जा है। करोड़ों साल पहले की धूप में बढ़े हुए पेड़ों से ही कोयला बना है। करोड़ों साल पहले के जीव-जंतुओं द्वारा ग्रहण की गई सौर-ऊर्जा आज हमें तेल के रूप में मिल रही है। वनस्पति विशिष्ट प्रकार से सूर्य की ऊर्जा ग्रहण करके फलती-फूलती है। अंत में यही ऊर्जा मांस, अनाज तथा साग-सब्जियों के रूप में हमें मिलती है।

पानी की शक्ति से हम बिजली पैदा करते हैं। इसके मूल में भी सौर-ऊर्जा

चित्र 2.6 : सौर-ऊर्जा से गर्म किया जा रहा घर

है। सौर-ऊर्जा से ही वायु की गति मिलती है। संक्षेप में हम कह सकते हैं कि वर्तमान सदी के मध्यकाल तक, न केवल अपनी भोजन-सामग्री के लिए, अपितु ऊर्जा एवं शक्ति की सारी आवश्यकताओं के लिए हम सूर्य पर पूर्णतः आश्रित रहे। आज भी हमारा जीवन मुख्यतः सूर्य की कृपा पर निर्भर है। अब ऊर्जा-संकट की स्थिति में यही सूर्य हमारी रक्षा करेगा।

चित्र 2.7 : नेशनल फिजिकल लेबोरेट्री में बनाया गया सोलर कूकर

धरातल पर पहुंचने वाली सूर्य-किरणों में यानी धूप में कितनी गर्मी होती है, इसकी हम सबको जानकारी है। जाड़े के दिनों में इस धूप के लिए हम तरसते हैं, तो गर्मी के दिनों में इससे परेशान हो जाते हैं। सभी जानते हैं कि मैग्निफाइंग-ग्लास यानी आवर्धक लेंस में से सूर्य की किरणों को गुजार कर उन्हें एक बिंदु पर पुंजीभूत किया जाए तो इस ऊर्जा से भूसे या सिगरेट को सुलगाया जा सकता है। आर्किमीदिज के बारे में यह किस्सा प्रसिद्ध है कि उन्होंने कटोरेनुमा बड़े दर्पण से सूर्य की

किरणों को परावर्तित एवं पुंजीभूत करके रोमन जहाजों में आग लगा दी थी। ऐसे दर्पणों से सूर्य-किरणों को एक स्थान पर एकत्र करके उच्च तापमान प्राप्त करना सचमुच ही संभव है। फ्रांस के माउंट लुई तथा ओदिलो स्थानों पर ऐसी सौर-भट्ठियों का निर्माण किया गया है, जिनमें दर्पणों से परावर्तित एवं पुंजीभूत सूर्य-किरणों से करीब 3500 डिग्री सेंटीग्रेड तापमान प्राप्त करना संभव है। इतने ऊंचे तापमान में अनेक धातुओं को गलाना संभव है।

सारी पृथ्वी को सूर्य-किरणों से जो ऊर्जा मिलती है, वह बहुत अधिक है। प्रति सेकंड हमारे धरातल पर सूर्य की जितनी ऊर्जा पहुंचती है, वह 5 करोड़ टन कोयले को या 30 लाख टन पेट्रोल को जला कर प्राप्त की गई ऊर्जा के बराबर होती है! आज के कोयला, तेल, पानी, यूरेनियम आदि विविध साधनों से हम जितनी ऊर्जा प्राप्त करते हैं, उससे धरातल पर पहुंचने वाली सारी सौर-ऊर्जा कम-से-कम 1,00,000 गुना अधिक है। जिस रफ्तार से हमें सूर्य की ऊर्जा मिलती है, उस रफ्तार से यदि हम धरती के तेल, कोयला तथा लकड़ी आदि ईंधनों को जलाते हैं तो ये ईंधन दो दिन से अधिक समय नहीं टिकेंगे। राजस्थान के मरुभूमि वाले एक जिले के क्षेत्र पर गिरने वाली सारी सौर-ऊर्जा को एकत्र करना संभव हो तो उससे सारे संसार की ऊर्जा की आवश्यकताएं पूरी हो सकती हैं।

सौर-ऊर्जा का उपयोग

अब सवाल है – सूर्य की इस विपुल लेकिन मुफ्त ऊर्जा को हम किस प्रकार उपयोग में ला सकते हैं? कोयले, तेल या लकड़ी में निहित ऊष्मा या पानी तथा हवा की शक्ति के रूप में इस सौर-ऊर्जा का हम सदियों से इस्तेमाल करते आए हैं। अब हमें ताजी सूर्य-किरणों का इस्तेमाल करना है। सबसे पहले हमें यह देखना है कि हमारी ऊर्जा की आवश्यकताएं किस प्रकार की हैं।

(1) हमें जहाज, हवाई-जहाज, विमान, रेल, मोटर आदि वाहनों को चलाने के लिए ऊर्जा चाहिए,

(2) हमें चीजों को गर्म करने तथा वातानुकूलन आदि के लिए ऊर्जा चाहिए,

(3) हमें उद्योग-धंधों के लिए ऊर्जा चाहिए और

(4) हमें बिजली पैदा करने के लिए ऊर्जा चाहिए।

जाहिर है कि ऊर्जा की हमारी ये विविध आवश्यकताएं सौर-ऊर्जा से पूरी नहीं हो सकतीं। सौर-ऊर्जा हमें साल के पूरे 365 दिन और दिन के पूरे 24 घंटे उपलब्ध नहीं है। परंतु यह बात सभी जानते हैं कि उष्ण-कटिबंध के

चित्र 2.8 : सोलर रोड लाइट

देशों को साल के कुछ अधिक दिनों तक धूप मिलती है, और यह काफी तेज होती है। अतः भारत जैसे देशों के लिए इस सौर-ऊर्जा का बड़ा महत्व है।

यह सही है कि सौर-ऊर्जा हमें मुफ्त मिलती है, परंतु इसे एकत्र करने में काफी खर्च आता है। पैराबोलाइड या कटोरे के आकार के दर्पणों से ही सौर-ऊर्जा एकत्र की जा सकती है और ऐसे बड़े दर्पण तैयार करने में काफी खर्च आता है। परंतु लघु स्तर पर सौर-ऊर्जा का कई प्रकार से इस्तेमाल किया जा सकता है और देहातों में फैले हुए भारत जैसे देश के लिए सौर-ऊर्जा की ऐसी छोटी-छोटी इकाइयां बड़ी उपयोगी सिद्ध हो सकती हैं। इस दिशा में प्रायोगिक सफलताएं भी मिली हैं।

चित्र 2.9 : सौर-ऊर्जा द्वारा सोलर पंप को चलाना

हमारे देश के अधिकांश देहातों में अभी बिजली नहीं पहुंचती है। सिंचाई के लिए पंपों की जरूरत है। और हम जानते हैं कि सौर-ऊर्जा से छोटे इंजन चल सकते हैं। पंपों से पानी निकालने के लिए इन इंजनों का उपयोग हो सकता है। नई दिल्ली की राष्ट्रीय भौतिकीय प्रयोगशाला ने सौर-ऊर्जा से गर्म की गई हवा से चलने वाले छोटे इंजन बनाए

चित्र 2.10 : सोलर लाइट में सब्जी बेचती महिला

हैं। इनमें अधिक सुधार हो सकता है। सौर-ऊर्जा का इस्तेमाल करके भाप से चलने वाले इंजन चलाए जा सकते हैं। मिस्र में काहिरा के समीप सौर-ऊर्जा से चलने वाला 100 अश्वशक्ति का ऐसा एक इंजन पिछले कई साल से काम कर रहा है। सौर-ऊर्जा से चलने वाले ऐसे इंजनों का बड़े पैमाने पर उत्पादन करके देहातों में

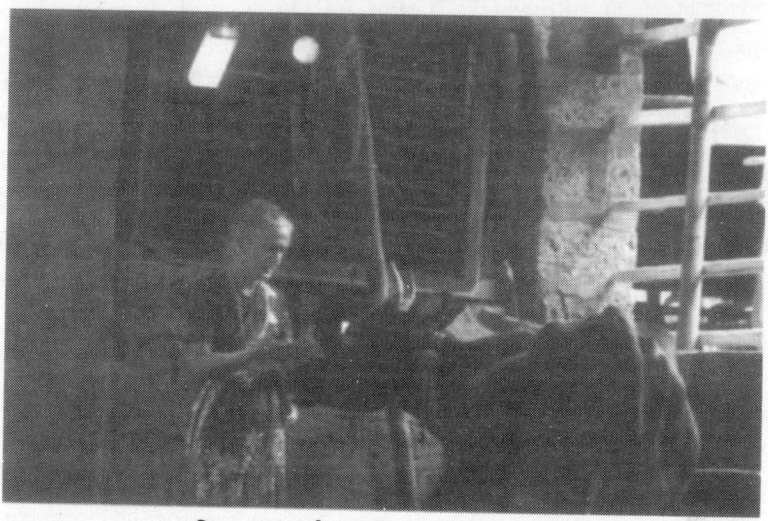

चित्र 2.11 : सौर-ऊर्जा का इस्तेमाल घर में

सिंचाई आदि के कामों में इनका इस्तेमाल हो सकता है। इससे जहां एक ओर उत्पादन बढ़ेगा, वहां दूसरी ओर कोयले तथा तेल जैसे ईंधनों की कुछ बचत होगी। सौर-ऊर्जा से पानी गरम किया जा सकता है, खाना पकाया जा सकता है। हमारे देश में तथा अन्य अनेक देशों में कई प्रकार के सौर-चूल्हे बन चुके हैं। खेद की बात है कि हमारे देश में सौर-ऊर्जा प्रचुर मात्रा में उपलब्ध होने पर भी इससे लाभ उठाने की दिशा में अब तक विशेष प्रयत्न नहीं हुए हैं, जब कि संसार के अनेक देशों में छोटे-मोटे कामों के लिए इसका इस्तेमाल होता है।

सौर-ऊर्जा से बिजली भी पैदा की जा सकती है। एक बड़े कटोरेनुमा दर्पण से सौर-ऊर्जा एकत्र करके उससे इंजन चला कर बिजली पैदा की जा सकती है। ऐसी बिजली से देहातों की कुछ आवश्यकताएं पूरी हो सकती हैं। दर्पणों की विशिष्ट योजनाओं से सौर-ऊर्जा को एकत्र करके पानी की भाप बनाई जा सकती है और इस भाप से टरबाइन-जैनरेटर चला कर बिजली प्राप्त की जा सकती है। दिन के समय जब कारखानों के लिए अधिक बिजली की जरूरत होती है, तब इस सौर बिजली से बड़ा लाभ उठाया जा सकता है।

सौर-सेल

सौर-ऊर्जा को सीधे बिजली में भी बदला जा सकता है। यह संभव है उन सौर-सेलों से जो सेमी-कंडक्टरों से बनते हैं। अंतरिक्ष यात्रा के अनुसंधानों में इन सौर-सेलों का बड़ा उपयोग हुआ है। कई अंतरिक्षयानों में सौर-सेल स्थापित करके ही बिजली प्राप्त की गई है। सोवियत संघ के वैज्ञानिकों ने लूनाखोद नामक जिन दो चंद्रगाड़ियों को कई महीनों तक चंद्रतल पर चलाया है, उन्हें सौर-बैटरियों से ही गति मिली है। आगे चल कर ऊपरी अंतरिक्ष में जब स्थाई स्टेशनों का निर्माण होगा तब हमें उनके लिए सौर-ऊर्जा की ही शरण में जाना होगा। चंद्रमा पर वायुमंडल नहीं है, इसलिए वहां बड़ी तेज धूप रहती है और लगातार 14 दिन तक रहती है। अतः जब चंद्रमा पर स्थाई बस्तियां स्थापित होंगी तब सौर-ऊर्जा का बड़ा उपयोग होगा।

कुछ वैज्ञानिकों ने धरातल से हजारों मिलोमीटर ऊपर विशाल दर्पण स्थापित करके और उनसे सौर-ऊर्जा एकत्र करके उसे पृथ्वी की ओर भेजने की भी योजनाएं प्रस्तुत की हैं। लेकिन ये भविष्य की योजनाएं हैं। अभी यदि हम छोटे पैमाने पर भी सौर-ऊर्जा का इस्तेमाल कर पाएं, तो यही हमारे लिए लाभप्रद होगा। सौर-सेलों से सौर-ऊर्जा को बिजली में बदला जा सकता है। इस व्यवस्था में कोई चलने-घूमने वाला उपकरण नहीं होता। ये सौर-सेल 10 से 15 प्रतिशत तक सौर-ऊर्जा को

बिजली में बदलते हैं। फिर भी बड़े पैमाने पर सौर-सेलों के निर्माण में आज अनेक कठिनाइयां हैं। सबसे बड़ी कठिनाई यह है कि इनके निर्माण में बड़ा खर्च आता है। इसलिए अब तक मुख्यतः अंतरिक्ष-अनुसंधान के क्षेत्र में ही इनका उपयोग हुआ है। वैज्ञानिकों को आशा है कि निकट भविष्य में बड़े पैमाने पर सौर-सेलों का उत्पादन संभव होगा। विशेष बात यह है कि इन सौर-सेलों को लंबे समय तक उपयोग में लाया जा सकता है। इनको एक स्थान से दूसरे स्थान पर ले जाने में भी कठिनाई नहीं होगी। मकान की छत पर सौर-सेलों का जाल बिछाकर एकत्र की गई सौर-ऊर्जा से मकान की ऊर्जा की सारी आवश्यकताएं पूरी हो जाएंगी।

स्वच्छ एवं साफ-सुथरी ऊर्जा

यहां सौर-ऊर्जा के बारे में एक महत्व की बात जान लेना जरूरी है। कोयला, तेल, लकड़ी आदि रासायनिक ईंधनों के इस्तेमाल से हमारा वायुमंडल दूषित होता है। यूरेनियम तथा प्लूटोनियम जैसे ईंधनों से रेडियधर्मी कूड़ा-कचरा पैदा होता है। यह हमारे लिए न केवल घातक है, बल्कि आगे जा कर यह एक बड़ी समस्या बन जाएगी कि इसे कहां फेंके। हाइड्रोजन की ऊर्जा यानी तापनाभिकीय ऊर्जा स्वच्छ है, परंतु आगे जा कर बड़े पैमाने पर जब हम इसका इस्तेमाल करने लगेंगे तो बड़ी विकट समस्या पैदा हो सकती है। परमाणु-ऊर्जा के बिजलीघरों से बाहर आने वाली ऊष्मा से हमारी पृथ्वी का वायुमंडल अधिक गर्म हो जा सकता है। तब हमारी पृथ्वी के ध्रुवीय प्रदेशों का बर्फ पिघलने लगेगा, जिससे महासागरों के जल-स्तर में वृद्धि होगी और समुद्र-तटों पर बसे हुए नगर पानी में डूब जाएंगे। परंतु सौर-ऊर्जा के इस्तेमाल में ऐसा कोई भी खतरा नहीं है। यह हर तरह से स्वच्छ, साफ-सुथरी तथा कल्याणकारी ऊर्जा है।

भारत के लिए सौर-ऊर्जा का बड़ा महत्व है। सौर-ऊर्जा का व्यापक उपयोग करके उत्पादन बढ़ाया जा सकता है। रेगिस्तान की सौर-ऊर्जा का विशेष रूप से उपयोग करके जमीन के भीतर से पानी निकाला जा सकता है और इन मरु-क्षेत्रों को हरा-भरा बनाया जा सकता है। इसी प्रकार सौर-ऊर्जा के अनेक लाभ हैं। नई दिल्ली की राष्ट्रीय भौतिकीय प्रयोगशाला ने सौर-ऊर्जा के क्षेत्र में उपयोगी अनुसंधान-कार्य किया है। किंतु आरंभ में हमारे शासन ने इस ओर विशेष ध्यान नहीं दिया। अब कुछ साल पहले सुनने को मिला है कि एक सौर-ऊर्जा संस्थान की स्थापना की जा रही है।

भारत में सौर-ऊर्जा का सही इस्तेमाल होने के लिए सरकार ने कई नीतियां भी तैयार की हैं। जिनमें से गुजरात सरकार द्वारा जारी की गई गुजरात सौर-ऊर्जा

चित्र 2.12 : पुष्पा सौर-ऊर्जा से ब्रेड बनाकर अपनी आय को बढ़ा रही है

नीति 2009 जिसका मुख्य उद्देश्य बदलती जलवायु व ग्लोबल वार्मिंग के संकटों से उभरना है।

इसमें हरित व साफ ऊर्जा का इस्तेमाल है। इसमें कोयला, लकड़ी व अन्य किसी पदार्थ जो वातावरण को दूषित करता है उसका इस्तेमाल नहीं होता। इसके बदले सौर-ऊर्जा का उपयोग करके 2013 तक 1000 मेगावाट तक बिजली उत्पन्न की जाएगी। इसका ध्येय 2017 तक 3000 मेगावाट बिजली का उत्पादन करना है। जिससे ग्रामीण क्षेत्रों में बिजली की यथासंभव पूर्ति की जा सकेगी।

गुजरात सरकार ने किल्गटन जलवायु प्रयास, अमेरिका के साथ मिलकर राज्य में बड़े क्षेत्र में सौर पार्क की योजना तैयार की है। गुजरात पॉवर कॉरपोरेशन लिमिटेड को गुजरात सरकार ने ठीक तरह से देख-रेख करने और बनने के लिए नियुक्त किया गया है।

इस पार्क में कई सौर-ऊर्जा संयत्र लगाए जाएंगे। यह कार्यक्रम दो चरणों में आरंभ होगा। प्रथम चरण में चरक गांव जो कि तालुका संतालपुर में है। दूसरा चरण हरसद, दाबी, नवपुरा, सीनत, तालुका 'वेव' के अंतर्गत है।

सौर-ऊर्जा से बिजली प्राप्त करने के अलावा इस योजना का एक उद्देश्य ऊर्जा संरक्षण की जानकारी देना है। इसमें स्कूल, कॉलेज व शैक्षिक संस्थानों व समाज के अन्य सामाजिक क्षेत्रों में सौर-ऊर्जा के प्रति जागरूकता पैदा करना है।

अब सौर-ऊर्जा वाली कार भी बन गई है। शीघ्र ही बाजार में आ जाएगी। हवाई जहाज भी सौर-सेल से चलाए जाएंगे। आशा है, सौर-ऊर्जा का भविष्य में भरपूर उपयोग किया जाएगा।

अध्याय-3

जल-ऊर्जा

पानी गिराकर बिजली उत्पन्न करने का तरीका काफी पुराना है। पानी से ऊर्जा प्राप्त करना सस्ता भी है। यद्यपि हर स्थान पर जल-विद्युत उत्पन्न करने की सुविधा नहीं होती फिर भी जल-विद्युत के सम्भाव्य स्रोतों से बिजली उत्पन्न करना इस संकट काल में आवश्यक है।

पानी और हवा की शक्ति भी मूलतः सूर्य की ऊर्जा है, सूर्य की किरणों से हवा गर्म होती है। धरती पर न्यूनाधिक गर्म हवा के क्षेत्रों का निर्माण होता है। हवा बहने लगती है। पवन चक्कियां

चित्र 3.1 : भाखड़ा बांध का एक दृश्य

चित्र 3.2 : चंद्रवंका बांध का एक दृश्य

हवा की इस शक्ति को यांत्रिक ऊर्जा में बदलती हैं, विद्युत-ऊर्जा में बदल सकती हैं। इसी प्रकार सूर्य की किरणें समुद्रों तथा सरोवरों के पानी की भाप बनाती हैं। भाप के बादल बनते हैं। बादल बरसते हैं और धरातल पर नदियां बहने लगती हैं। बहते पानी की शक्ति से पनचक्कियां चल सकती हैं, टरबाइन जेनरेटर चलते हैं और इस प्रकार बिजली पैदा होती है। संसार के अनेक देशों में आज जल-विद्युत एक बहुत बड़ा ऊर्जा-साधन है। भारत की दृष्टि से जल विद्युत का बड़ा महत्व है।

चित्र 3.3 : महेश्वरी जल-ऊर्जा योजना

चित्र 3.4 : महेश्वरी जल-ऊर्जा का उपयोग

भारत में पहला पन-बिजली के विकास का श्री गणेश 1897 ई. में दार्जिलिंग के निकट एक छोटी नदी के प्रपात में हुआ था। आरंभ में

इसकी उत्पादन क्षमता सिर्फ 20 किलोवाट थी। 1902 में पन-बिजली योजना शिव समुद्रम मैसूर में बनी थी। 1914 ई. में खोपोली पन-बिजली योजना का सूत्रपात हुआ, जिससे मुम्बई और पूना को बिजली दी गई। सन् 1969 ई. में हमारे देश में कुल मिलाकर 143 लाख किलोवाट बिजली पैदा होती थी। उसमें जल-विद्युत का हिस्सा 59 लाख किलोवाट था, यानी कुल बिजली का 46 प्रतिशत भारत के जिन प्रदेशों में कोयले व खनिज तेल के भंडार नहीं हैं, वहां जल शक्ति का बड़ा महत्व है और इसका हमें पूरी तरह उपयोग करना चाहिए। आजादी के बाद भारत

चित्र 3.5 : बोकारो ताप बिजलीघर

में जल शक्ति का कुछ अधिक लाभ उठाया गया है। वैज्ञानिकों के अनुसार भारत की नदियों में करीब 410 लाख किलोवाट बिजली पैदा करने की क्षमता है। हमारे देश में पंजाब, हरियाणा, जम्मू-कश्मीर, हिमाचल प्रदेश पूर्ण रूप से जल-विद्युत पर आश्रित रह सकते हैं। जल-विद्युत प्राप्त करना आर्थिक तथा व्यावसायिक दृष्टि से लाभप्रद है, तो भी भविष्य में ऊर्जा की हमारी आवश्यकताएं पूरी नहीं हो पाएंगी। आज करीब 75,00,000 किलोवाट जल विद्युत का उत्पादन होता है। भविष्य में ऊर्जा की हमारी आवश्यकताएं कई गुना बढ़ जाएंगी। जाहिर है जल-शक्ति से ऊर्जा की हमारी आवश्यकताएं पूरी नहीं हो सकतीं।

जल-विद्युतघरों का एक बड़ा दोष यह है कि वे वर्षा पर निर्भर रहते हैं। इस

समस्या को जल-विद्युत गृह बनाकर दूर किया जा सकता है। आदर्श स्थिति तो वह होगी कि जल-विद्युत गृह तथा ताप अथवा परमाणु बिजलीघर एक-दूसरे के पूरक हों। जो नदियां अपने मार्ग में बहुत ऊंचाई से एकाएक नीचे गिरती हैं वहां जल-विद्युत का उत्पादन करना आसान होता है—जैसे श्रीवती, कुंडा और पेरियार जैसी नदियां।

देश की वर्तमान स्थिति में, जल-बिजली योजनाएं बिजली उत्पादन की सर्वाधिक मितव्यायी योजनाएं हैं। दूसरे इनकी उत्पादन क्षमता का बेहतर उपयोग होता है।

अध्याय-4

पवन-ऊर्जा

आदमी ने सबसे पहले जिस प्राकृतिक शक्ति का इस्तेमाल किया, वह है हवा की शक्ति। लगभग आठ-दस हजार साल पहले का आदमी छोटी नावों अथवा डोगियों को बनाना जानता था और इनकी सहायता से नदियों को पार करता था। फिर उसने जाना कि नाव के साथ पाल जोड़ने से वह हाथों के श्रम से कुछ मुक्त हो जाता है। तब से बड़ी-बड़ी नावें बनने लगीं। जहाज बनने लगे। समुद्रों को पार करना संभव हुआ। भाप-इंजन की शक्ति से चलने वाले जहाज 1800 ई. के बाद ही बने हैं, किंतु पालों की नावों का आज भी इस्तेमाल होता है।

चित्र 4.1 : पवन शक्ति

हमारे किसान हवा की शक्ति को भली-भांति पहचानते हैं और आज भी इससे लाभ उठाते हैं। आज भी खलिहानों में मांड कर

तैयार हुई फसल से अनाज तथा भूसा अलग-अलग करने का समय आता है, तो किसान तेज बहती हवा की प्रतीक्षा करता है। कुछ लोग सोचेंगे कि हवा की शक्ति के दिन लद चुके हैं। हवा की शक्ति से भारत, चीन, मिस्र तथा मेसोपोटामिया की प्राचीन सभ्यताओं का काम भले ही चला हो, हमारा काम नहीं चल सकता। हम पुराने जमाने में नहीं लौट सकते। पनचक्कियों तथा पवन-चक्कियों की शक्ति से अब हम अपने कारखाने नहीं चला सकते। बात सच है। परंतु हमारे देश के देहातों में बड़े कारखाने तो दूर रहे, अभी छोटे-छोटे कारखाने भी स्थापित नहीं हुए हैं। देहातों में हमें मुख्यतः पानी निकालने के लिए शक्ति चाहिए, चक्कियों के लिए शक्ति चाहिए और संभव हो तो बिजली भी चाहिए। हमारे अधिकांश देहातों में अभी बिजली नहीं पहुंची है। देश में ऐसे भी अनेक स्थान हैं जहां बिजली, तेल या कोयला पहुंचाने में बहुत अधिक खर्च आता है। कुछ स्थान तो ऐसे भी हैं जहां बिजली पहुंचाना सहज संभव ही नहीं है। ऐसे स्थानों में हमें ऊर्जा एवं शक्ति की छोटी-छोटी इकाइयां ही स्थापित करनी होंगी। ऐसी ही एक छोटी इकाई है – पवनचक्की की शक्ति।

हमारे देश में पवनचक्कियों का विशेष प्रचलन नहीं रहा है, इसलिए इनकी उपयोगिता को समझने में हमें कुछ कठिनाई होती है। लेकिन मध्ययुगीन यूरोप में पनचक्कियों तथा पवनचक्कियों का खूब इस्तेमाल हुआ है और आज भी यूरोप में कई हजार पवनचक्कियां हैं। हालैंड, नीदरलैंड तथा डेनमार्क जैसे यूरोपीय देशों के लिए आज भी पवनचक्कियों की शक्ति का बड़ा महत्व है।

चित्र 4.2 : नीदरलैंड में पनचक्कियों से पानी को ऊपर उठाया जाता है।

ऊर्जा-संकट के दिनों में इन पवनचक्कियों ने बड़ा काम किया है। एक उदाहरण लीजिए। नीदरलैंड तथा हालैंड के लिए समुद्र की बाढ़ एक बड़ी समस्या है। निचली भूमि से पानी को हमेशा बाहर निकालना पड़ता है। अधिकतर भाप-इंजन तथा डीजल-इंजन से चलने वाले पंपों से यह पानी निकाला जाता है। परंतु दूसरे महायुद्ध के दौरान 1939-45 में जब हालैंड पर जर्मनी का अधिकार रहा, तब ऐसे भी अवसर आए जब कोयला तथा तेल प्राप्त करना असंभव हो गया था। उस समय पुरानी पवनचक्कियां बड़ी काम आईं और उन्होंने बाढ़ से इस देश की रक्षा की। अतः यह स्पष्ट है कि आज की ऊर्जा-संकट की स्थिति

- पवन मुफ्त में उपलब्ध है। पवन-ऊर्जा अक्षय है। पवन-ऊर्जा प्रदूषण-रहित है। इस प्रकृति-प्रदत्त ऊर्जा का अधिक दोहन करना अत्यावश्यक है।
- इतिहास इस तथ्य का साक्षी है कि जब-जब ऊर्जा के नए साधन उपलब्ध हुए हैं, तब-तब मानव समाज ने तेजी से तरक्की की है।
- पवन-ऊर्जा पानी को ऊपर चढ़ा सकती है, खेतों की सिंचाई कर सकती है, लकड़ी काट सकती है, अनाज पीस सकती है, घरों को रोशनी दे सकती है, कोयम्बतूर जिले का कायाकल्प कर सकती है।...
- ऊर्जा की खपत से जीवन-स्तर का वास्तविक स्वरूप स्पष्ट होता है।... ऊर्जा के उपयोग का संबंध न केवल जीवन-स्तर और उत्पादन से बल्कि ज्ञान-भंडार से भी है।...
- पवन-ऊर्जा से संबंधित महत्वपूर्ण वैज्ञानिक जानकारियां...

चित्र 4.3 : पवनचक्की : जो पंप के जरिए जमीन से पानी निकालती है।

में पवनचक्की की शक्ति का बड़ा महत्व है। इस शक्ति से बिजली भी पैदा की जा सकती है। यूरोपीय देशों में पवनचक्की की शक्ति पर काफी अनुसंधान हो रहा है।

मूलतः सूर्य की ऊर्जा

हवा की शक्ति के स्रोत सूर्य की ऊर्जा में निहित हैं। हमारा धरातल वायुमंडल से घिरा हुआ है। सूर्य का विकिरण इस वायुमंडल को तथा धरातल को कम-ज्यादा मात्रा में गर्म करता है। गर्म वायु हलकी होती है और ठंडी वायु भारी। अतः गर्म हवा ऊपर उठती है और ठंडी हवा उसका स्थान भरने के लिए नीचे की ओर जाती है। इस प्रकार वायु को गति मिलती है। अतः हवा की यह गतिज

ऊर्जा हमें सूर्य की तापीय ऊर्जा से प्राप्त होती है।

पहले बताया जा चुका है कि सूर्य की कुछ ऊर्जा का केवल दो अरबवां हिस्सा ही हमारी पृथ्वी को मिलता है। इसमें से करीब 2 प्रतिशत ऊर्जा हवा की गतिज ऊर्जा में रूपांतरित हो जाती है। जलशक्ति की तरह हवा की शक्ति भी हमें सदैव प्राप्त होती रहेगी, क्योंकि जब तक सूरज और वायुमंडल है, तब तक धरती पर हवाएं बहती रहेंगी। सूर्य की ताजी ऊर्जा हर स्थान पर तथा हर समय उपलब्ध नहीं है, फिर भी इसके इस्तेमाल के उपाय हम खोज रहे हैं बहते पानी की शक्ति सर्वत्र एवं समस्तर से उपलब्ध नहीं है, फिर भी हमने इस शक्ति का बड़े पैमाने पर उपयोग करने के उपाय खोज लिए हैं। तब कुछ-कुछ इसी प्रकार की हवा की शक्ति की इतनी उपेक्षा क्यों? यह सही है कि हर स्थान पर और हर समय तेज बहती हवाएं उपलब्ध नहीं हैं। हवाओं की दिशा भी बदलती रहती है। फिर भी हवा की शक्ति से काफी लाभ उठाया जा सकता है। यदि साल भर का हिसाब लगाया जाए तो हवाओं का औसत बहाव लगभग एक-सा रहता है। संसार में ऐसे अनेक स्थल हैं जहां हवा का औसत वेग 20 किलोमीटर प्रति घंटा रहता है।

बहती हवाओं से जो शक्ति प्राप्त की जा सकती है, उसका एक सरल-सा नियम है। हम बहती हवा से उसके वेग के धन के अनुपात में शक्ति प्राप्त कर सकते हैं। अतः 10 किलोमीटर प्रति घंटे के वेग से बहने वाली हवा से 1 अश्वशक्ति के तुल्य यांत्रिक ऊर्जा प्राप्त होती है, तो 20 किलोमीटर प्रति घंटे के वेग से बहने वाली हवा से 8 अश्वशक्ति के बराबर, और हवा यदि 30 मिलोमीटर प्रति घंटे के वेग से बहती है तो 27 अश्वशक्ति के बराबर यांत्रिक ऊर्जा प्राप्त होगी। उतरी अक्षांशों के देशों में काफी सुस्थिर एवं तेज हवाएं बहती हैं। इसीलिए इंग्लैंड, विशेषतः स्काटलैंड, डेनमार्क, हालैंड तथा नीदरलैंड जैसे देशों के लिए

चित्र 4.4 : इंग्लैंड की पवनचक्की

पवनचक्कियों का बड़ा महत्व रहा है। उष्ण कटिबंध के पर्वतीय प्रदेशों में भी काफी तेज हवाएं बहती हैं। हमारे देश में पश्चिमी घाट के दरों में बहुत सारी पवनचक्कियां स्थापित की जा सकती हैं।

पवनचक्कियों का इतिहास

पवनचक्कियों की अपेक्षा पनचक्कियों के बारे में हमें अधिक जानकारी मिलती है। अनेक वैज्ञानिकों का मत है कि शक्ति के इन दोनों पुरातन साधनों का आविष्कार चीन में हुआ था। ईसा की पहली सदी में रोमन लोगों को पनचक्की की जानकारी थी। हमारे देश में नासिक से प्राप्त कुषाण काल के एक लेख में 'ओद्यंत्रिक' शब्द आया है, जो संभवतः पनचक्की चलाने वाले लोगों के निकाय यानी संघ का द्योतक है। परंतु पनचक्कियों का अधिक इस्तेमाल मध्ययुगीन यूरोप में ही हुआ है। ऐसी जानकारी भी मिलती है कि ईसा की छठी सदी में ईरान में पवनचक्कियां थीं, जहां से बाद में अरब देशों में इनका प्रचार हुआ। फिर पश्चिमी यूरोप के देशों में इनका प्रचार हुआ और वहां से ईसा की बारहवीं सदी से हमें पवनचक्कियों के उल्लेख मिलने लग जाते हैं।

ईसा की पंद्रहवीं से अठारहवीं सदी तक यूरोप के देशों में पनचक्कियों तथा पवनचक्कियों का खूब इस्तेमाल हुआ है। इन पर मुख्यतः सामंतों का अधिकार था। आटा पीसने, अनाज कूटने, गर्म लोहा ठोकने, पानी को ऊपर उठाने, भाथी फूंकने, लकड़ी काटने, करघा चलाने, खानों से पानी निकालने, आदि विविध कामों के लिए इन चक्कियों का इस्तेमाल हुआ है। जब कोयला तथा तेल काफी उपलब्ध हुआ तब इन पनचक्कियों तथा पवनचक्कियों की उपेक्षा हुई। परंतु जिस प्रकार मोटर-वाहन के आ जाने पर हमने बैलगाड़ियों को नहीं छोड़ दिया, उसी प्रकार यूरोप के देशों ने भी अपनी पुरानी पवनचक्कियों को नहीं छोड़ा। आज भी यूरोप के देशों में हजारों पवनचक्कियां हैं।

पवनचक्की की शक्ति

पवनचक्की किस प्रकार काम करती हैं, इसे समझने में कोई कठिनाई नहीं है। कागज की फिरकियों अथवा चक्रियों से खेलने वाले बच्चे भी जानते हैं कि हवा में पंखों को घुमाने की शक्ति रहती है। अर्थात्, पवनचक्की एक ऐसा साधन है जिससे हवा की शक्ति को यांत्रिक शक्ति में बदला जा सकता है। फिर इस यांत्रिक शक्ति से हम कई काम ले सकते हैं। पुरानी पवनचक्कियां लकड़ी की होती थीं, बोझिल होती थीं। परंतु अब हलकी धातु, विशेषतः एल्यूमिनियम के

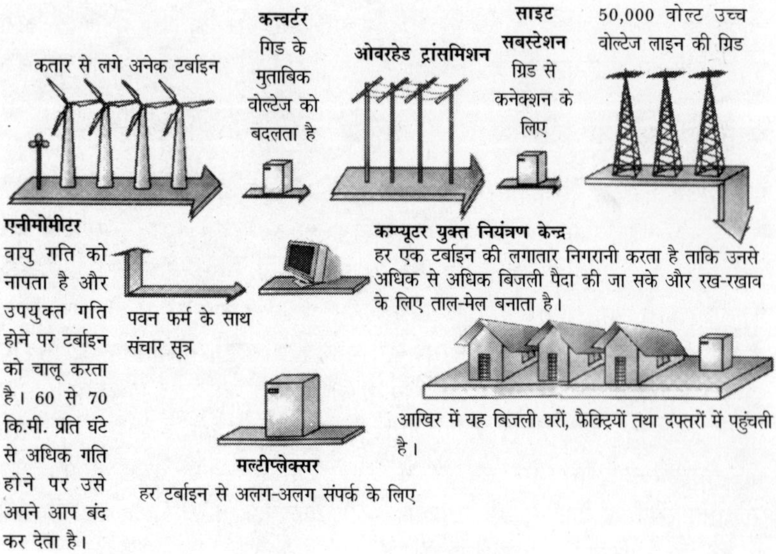

चित्र 4.4 : पवन बिजली फार्म

पंखों वाली पवनचक्कियां बनाई जा सकती हैं। इनसे हवा की अधिकाधिक शक्ति को यांत्रिक शक्ति में बदला जा सकता है और ऐसी हलकी चक्कियां कुछ धीमी बहने वाली हवाओं में भी काम कर सकती हैं। अब ऐसी भी प्रायोगिक पवनचक्कियां बनी हैं जो हवा की 70 प्रतिशत शक्ति को यांत्रिक शक्ति में बदलने में समर्थ हैं और करीब 7 किलोमीटर प्रति घंटे के वेग से बहने वाली हवाओं में भी काम कर सकती हैं।

पवनचक्की की यांत्रिक शक्ति से कई काम लिए जा सकते हैं। इस शक्ति से बिजली भी बनाई जा सकती है। वस्तुतः आज से कोई साठ साल पहले ही पवनचक्कियों से बिजली बनने लग गई थी। जानकारी मिलती है कि 1915 ई. में डेनमार्क में ऐसी करीब 3000 पवनचक्कियां थीं जिनसे जेनरेटर चला कर बिजली पैदा की जाती थी। आज भी डेनमार्क में ऐसी अनेक पवनचक्कियां हैं जो 30 से 70 किलोवाट तक बिजली पैदा करती हैं। दूसरे महायुद्ध के दौरान पवनचक्कियों से चलने वाले जेनरेटरों से हालैंड के अनेक देहातों को बिजली मिली है। सोवियत रूस के याल्ता नामक स्थान पर एक पवनचक्की करीब दस साल तक 100 किलोवाट बिजली पैदा करती रही है।

वैज्ञानिकों का मत है कि पवनचक्कियों में सुधार करके अधिक बिजली पैदा की जा सकती है। वस्तुतः 1000 किलोवाट बिजली पैदा कर सकने वाली एक पवनचक्की को भी सफलता से चलाया गया है। पवनचक्की की ऐसी इकाइयों से एक छोटे देहात की बिजली की आवश्यकताएं निश्चय ही पूरी हो सकती हैं। अतः जहां प्रायः साल भर हवाएं बहती हैं, वहां पवनचक्कियां खड़ी करके कोयले तथा तेल को कुछ बचाया जा सकता है। पवनचक्की से पैदा की जाने वाली बिजली के साथ एक दिक्कत है। वह यह कि हवा कभी तेज बहती है और कभी बहुत ही मंद या कभी बिल्कुल ही नहीं बहती! इसका एक उपाय यह है कि जब हवा तेज बहती है तो अतिरिक्त ऊर्जा से पानी को गर्म करके रखा जा सकता है, जिसका बाद में इस्तेमाल हो सकता है। कई पवनचक्कियों के जेनरेटरों से पैदा होने वाली बिजली को कोयला या परमाणु-शक्ति से बड़े पैमाने पर पैदा की जाने वाली बिजली के साथ भी मिलाया जा सकता है। पवनचक्कियों की यांत्रिक शक्ति से और भी कई काम लिए जा सकते हैं। इनसे सिंचाई के लिए पर्याप्त पानी प्राप्त किया जा सकता है। पानी को ऊंचे स्थानों पर पहुंचाया जा सकता है। नीदरलैंड में आज भी करीब 1500 पवनचक्कियां अनाज पीसने, लकड़ी काटने तथा नहरों से पानी निकालने का काम करती हैं। ऐसी पवनचक्कियां हमारे देश के लिए भी उपयोगी सिद्ध हो सकती हैं।

चित्र 4.5 : हवा की अधिक शक्ति का उपयोग करने वाली एक आधुनिक पवन-चक्की।

भारत में पवनचक्कियों का उपयोग

हम पहले ही बता चुके हैं कि उतरी अक्षांशों के देशों में जैसी सुस्थिर एवं तेज हवाएं बहती हैं, वैसी उष्ण कटिबंध के देशों

में नहीं बहतीं। परंतु उष्ण-कटिबंध के पर्वतीय प्रदेशों में काफी तेज हवाएं बहती हैं, इस दृष्टि से पश्चिमी घाट के कुछ दर्रे बड़े महत्व के हैं। भारतीय ऋतु-विज्ञान विभाग के वैज्ञानिक श्री रामचंद्रन ने पश्चिमी घाट के एक ऐसे दर्रे के क्षेत्र की जानकारी दी है, जहां काफी सुस्थिर एवं तेज हवाएं बहती हैं। यह है नीलगिरि तथा अनमलाई पहाड़ों के बीच का पालघाट दर्रा। दोनों ओर के इन पहाड़ों की ऊंचाई करीब 2200 मीटर है, परंतु करीब 30 किलोमीटर चौड़े पालघाट दर्रे की ऊंचाई सिर्फ 100 मीटर है। इस दर्रे के पश्चिम की ओर समुद्र है और पूर्व की ओर कोयंबतूर जिला। पालघाट दर्रे के पूर्व की ओर इस कोयंबतूर जिले में बड़ी तेज हवाएं बहती हैं। ये हवाएं समुद्र से आती हैं और मई से लेकर अक्तूबर तक बहुत ही तेजी से बहती हैं।

जानकारी मिलती है कि कोयंबतूर जिले में हवा का औसतन वेग 25 मिलोमीटर प्रति घंटे रहता है। आधुनिक रचना की पवनचक्की खड़ी करके इतनी तेज हवा से 50 किलोवाट बिजली सहज ही पैदा की जा सकती है। कोयंबतूर जिले में ऐसी दो-चार हजार पवनचक्कियां खड़ी की जाएं तो उनके जेनरेटरों से निर्मित बिजली से न केवल उस जिले की बिजली की आवश्यकताएं पूरी होंगी, बल्कि आस-पास के जिलों को भी बिजली देना संभव होगा। पवनचक्कियों से निर्मित बिजली को बड़े बिजलीघरों में पैदा होने वाली बिजली के साथ भी मिलाया जा सकता है। यहां यह जानना उपयोगी होगा कि दक्षिण भारत के कोयंबतूर जैसे जिले देश के कोयला तथा तेल-क्षेत्रों से काफी दूर हैं, इसलिए वहां पवनचक्की जैसे स्थानीय शक्ति-साधनों का बड़ा महत्व है।

पश्चिमी घाट में और भी अनेक दर्रे हैं जहां तेज हवाएं बहती हैं। बेलगांव तथा धारवाड़ जिलों में पवनचक्कियां खड़ी की जा सकती हैं। सौराष्ट्र में भी पवनचक्कियां खड़ी की जा सकती हैं। कोयला तथा तेल सुलभ होने से हमने ऊर्जा तथा शक्ति के अन्य साधनों पर ध्यान नहीं दिया। परंतु अब यह स्पष्ट हो गया है कि ये रासायनिक ईंधन अधिक दिनों तक टिकने वाले नहीं हैं। अतः हमें अन्य प्राकृतिक शक्तियों का लाभ उठाना ही होगा। पवनचक्कियां कई दशक तक टिकती हैं और हवा की शक्ति हमें मुफ्त उपलब्ध है। इस शक्ति का हम अरबों साल तक इस्तेमाल करते रह सकते हैं! इसी प्रकार समुद्र के ज्वार-भाटे की शक्ति तथा भूगर्भ की तापीय शक्ति का भी हमें उपयोग करना है।

अध्याय-5

तप्तकुंड-ऊर्जा (भूतापीय-ऊर्जा)

हमारे देश में कई स्थानों पर गरम पानी के कुंड हैं। इन तत्पकुंडों के बारे में श्रद्धालु जनता की यह मान्यता है कि इनमें स्नान करने से कई व्याधियां दूर हो जाती हैं। अतः इन तप्तकुंडों के बारे में कई आख्यान भी मशहूर हैं। कई तप्तकुंड तीर्थस्थान बन गए हैं। तप्तकुंडों के क्षेत्रों को मनोरंजन और पर्यटन केंद्रों के रूप में भी विकसित किया जाने लगा है।

सभी जानते हैं कि इन तप्तकुंडों का गरम पानी जमीन के भीतर से आता है। इसका अर्थ यह हुआ कि जमीन के भीतर ऐसी कोई चीज अवश्य है जो पानी को गरम करती है। दरअसल, यह एक नियम ही है कि जैसे-जैसे हम धरातल के नीचे जाते हैं, वैसे-वैसे उष्णता बढ़ती जाती है। अधिक गहरे कुओं में भी कभी-कभी गरम पानी के स्रोत निकल आते हैं। गहरी खदानों में काम करने वाले लोग जानते हैं कि उनमें बड़ी गरमी होती है और अक्सर गरम पानी के झरने फूट पड़ते हैं।

चित्र 5.1 : समुद्रतल में ऊर्जा के भंडार छिपे पड़े हैं

वैज्ञानिकों की जानकारी के अनुसार यह एक नियम है

चित्र 5.2 : भूगर्भ की ऊष्मा से ऊर्जा

कि सामान्यतः हर 100 मीटर की गहराई पर 3 डिग्री सेंटीग्रेड तापमान बढ़ जाता है। अर्थात्, एक किलोमीटर की गहराई पर पानी का तापमान 30 डिग्री सेंटीग्रेड होगा और चार किलोमीटर की गहराई पर 100 डिग्री सेंटीग्रेड। इसका अर्थ यह हुआ कि सामान्यतः चार किलोमीटर की गहराई पर भूतल की चट्टानें इतनी तप्त रहती हैं कि वे पानी को भाप में बदल सकती हैं।

धरती के सभी प्रदेशों में भूतल की रचना एक-सी नहीं है। ज्वालामुखियों के प्रदेशों में कम गहराई पर ही अधिक उष्णता रहती है। अतः ऐसे प्रदेशों में सतह पर भाप के फव्वारे भी फूट पड़ते हैं। जहां भूतल की चट्टानों में गहरी दरारें पड़ गई हैं, वहां भी धरातल पर भाप या गरम पानी के स्रोत फूट पड़ते हैं। भाप की शक्ति से टरबाइन चलाकर बिजली प्राप्त की जा सकती है। जहां तप्तकुंड हैं, वहां अधिक गहराई तक छेद करके भाप प्राप्त करने की कोशिश की जा सकती है। गरम पानी का भी कई प्रकार से इस्तेमाल हो सकता है।

हमारे देश में पिछली कई सदियों से तप्तकुंडों का इस्तेमाल यदा-कदा डुबकी

लगाने के लिए ही होता है। परन्तु संसार के कुछ देशों में अब भाप तप्तकुंडों की इस भूतापीय ऊर्जा का बड़े पैमाने पर उपयोग होने लगा है। इस समय सारे संसार में भूतापीय ऊर्जा से लगभग 800 मेगावाट बिजली पैदा होती है। सबसे पहले, करीब साठ साल पूर्व, इटली में भूगर्भ की भाप से बिजली पैदा करने में सफलता मिली थी।

इटली का टस्कानी प्रदेश अपने पुराने ज्वालामुखियों के लिए प्रसिद्ध है। यहां लार्देरेल्लो शहर के समीप एक विशाल क्षेत्र में भाप के बहुत सारे फव्वारे फूटते थे। इस प्राकृतिक भाप का दबाव पांच वायुमंडलों के तुल्य और तापमान लगभग 200 डिग्री सेंटीग्रेड है। वर्तमान सदी के दूसरे दशक में इस भाप को पाइपों में एकत्र करके इससे टरबाइन चलाकर बिजली पैदा करने का काम शुरू हुआ था। आज इस स्थान पर प्राकृतिक भाप की भूतापीय ऊर्जा से करीब 390 मेगावाट बिजली पैदा की जाती है। हमारे देश के तारापुर परमाणु-बिजलीघर के दोनों यूनिट लगभग इतनी ही बिजली पैदा करते हैं।

इटली के अलावा अमेरिका, मेक्सिको, आइसलैंड, न्यूजीलैंड, जापान तथा सोवियत संघ में भी अब भूतापीय ऊर्जा से बिजली पैदा की जाती है। आगे कुछ वर्षों में ही इन देशों में कुल मिलाकर करीब 1100 मेगावाट भूतापीय बिजली पैदा होने लगेगी।

आइसलैंड तथा न्यूजीलैंड में इस प्राकृतिक गरम पानी का कई प्रकार से इस्तेमाल होता है। मकानों को गरम रखा जाता है, 'ग्रीन हाउसों' में साग-सब्जियां तैयार की जाती हैं। जापान में ये तप्तकुंड पर्यटकों के लिए आकर्षण के केन्द्र बन गए हैं। भूतल से सतह पर आनेवाला गरम पानी अपने साथ कई खनिजों को भी ले आता है। इन खनिजों को अलग किया जा सकता है। इटली के लार्देरेल्लो प्रदेश में भाप से बिजली पैदा करने के बाद उससे बोरिक एसिड, अमोनियम सल्फेट, अमोनियम क्लोराइड, बोरैक्स आदि उपयोगी वस्तुएं प्राप्त की जाती हैं।

हम सभी जानते हैं कि कोयले तथा तेल जैसे ऊर्जा के हमारे साधन वायुमंडल को दूषित करते हैं। परन्तु भूतापीय ऊर्जा काफी साफ-सुथरी ऊर्जा है। यह 'मुफ्त' ऊर्जा है। आरंभ में तप्तकुंडों के क्षेत्रों में तेल के कुओं की तरह गहरे कुएं खोदने में ही अतिरिक्त खर्च आता है।

हमारे देश में हिमालय क्षेत्र, बिहार तथा पश्चिमी महाराष्ट्र में कुल मिलाकर करीब 300 तप्तकुंड हैं। इनमें से कुछ कुंडों का पानी काफी गरम रहता है और इनमें से भाप भी निकलती है। पश्चिमी महाराष्ट्र का वज्रेश्वरी तप्तकुंड प्रसिद्ध है। इसी

प्रकार, कुलू जिले में प्रसिद्ध मणिकरण तप्तकुंड है, बद्रीनाथ में, केदारनाथ में गौरीकुंड तप्तकुंड हैं। जहां कुछ भाप भी निकलती है।

चित्र 5.3 : सोनामा काऊंटी, केलीफोर्निया (संयुक्त राज्य अमेरिका) में स्थित गाइजर (गर्म पानी के झरने) से बिजली बनाने वाला कारखाना।

जहां तप्तकुंड है, वहां भूतल की रचना का वैज्ञानिक अध्ययन करके यह जाना जा सकता है कि गहराई में सूखी भाप प्राप्त होने की संभावना है या नहीं। यदि भारी दबाव वाली सूखी भाप प्राप्त होती है, तो फिर वहां उस भाप से बिजली पैदा की जा सकती है। गरम पानी की ऊर्जा ऐसे द्रवों को भी प्रदान की जा सकती है, जो 100 डिग्री सेंटीग्रेड से कम तापमान पर उबलते हैं। ऐसे द्रवों की भाप को टरबाइनों में पहुंचाकर बिजली प्राप्त की जा सकती है। आइसलैंड की तरह हमारे देश के ठंडे प्रदेशों के तप्तकुंडों के पानी का कई प्रकार से उपयोग हो सकता है।

पिछले कुछ वर्षों से हमारे देश में भी इस भूतापीय ऊर्जा के इस्तेमाल के बारे में सोचा जा रहा है। भारत सरकार ने 1966 में ऊर्जा के इस स्रोत की उपयोगिता का अध्ययन करने के लिए एक तप्तकुंड समिति की स्थापना की थी। वैज्ञानिकों की इस समिति ने 1968 में ही सुझाव दिया था कि कुल्लू जिले के मणिकरण तप्तकुंड तथा लद्दाख के पुग्गा तप्तकुंड की

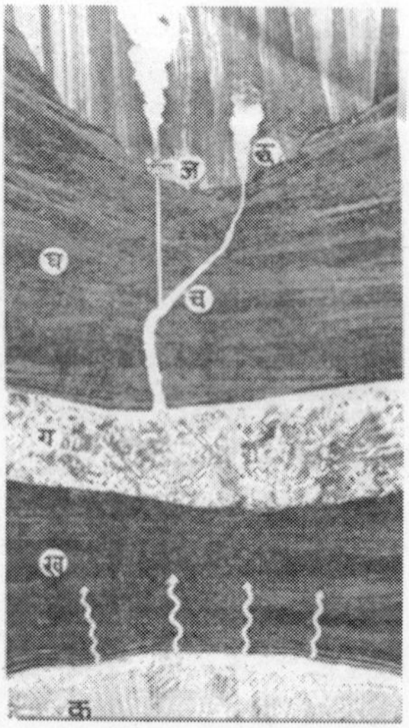

चित्र 5.4 : कः मेग्मा, खः ठोस चट्टान (ऊष्मा को ऊपर की ओर भेजती है), गः सरंध चट्टानें (जिन में भरा पानी उबलने लगता है), घः ठोस चट्टान (भाप को ऊपर आने से रोकती है) चः फिशर (छिद्र) में से भाप ऊपर आती है, छः गर्म झरना, जः कुआं जिससे भाप को नियंत्रित किया जा सकता है।

वैज्ञानिक खोजबीन होनी चाहिए। आरंभ में कुछ हलचल हुई, किन्तु काम आगे नहीं बढ़ा! तदनंतर संयुक्त राष्ट्रसंघ के विशेषज्ञों ने 1971 में खर्च आदि के बारे में कुछ सुझाव दिए। संयुक्त राष्ट्रसंघ इस दिशा में मदद करने के लिए तैयार है। आरंभ में संयुक्त राष्ट्रसंघ के विशेषज्ञों की मदद से ही मेक्सिको ने भूतापीय ऊर्जा के उपयोग की अपनी योजना शुरू की थी। आज वहां भूतापीय ऊर्जा से 75 मेगावाट बिजली पैदा होती है और आगे और भी अधिक पैदा होगी।

भूतापीय ऊर्जा को बड़े पैमाने पर उपयोग में लाने के बारे में भी योजनाएं प्रस्तुत की जा रही हैं। पहले हम बता चुके हैं कि भूतल की प्रति किलोमीटर गहराई के अनुपात में 30 डिग्री सेंटीग्रेड तापमान बढ़ता जाता है। इस हिसाब से 15-20 किलोमीटर की गहराई पर तापमान करीब 500 डिग्री सेंटीग्रेड होगा।

अब कल्पना कीजिए कि तेल के कुएं की तरह कुछ विशिष्ट स्थानों पर करीब 15 किलोमीटर गहरा कुआं खोदा जाता है। उसके समीप उतना ही गहरा एक और कुआं खोदा जाता है। तब पहले कुएं में उतनी गहराई पर पानी पहुंचाया जाता है। वह पानी 15 किलोमीटर की गहराई की गर्म चट्टानों के संपर्क में आकर अत्यंत उष्ण हो जाएगा और सभी के दूसरे छेद से ऊपर आएगा। उस अति उष्ण पानी की भाप से जेनरेटर चलाकर बिजली पैदा की जा सकती है। ठंडे हुए पानी को पुनः नीचे भेजा जा सकता है। इस प्रकार, इस 'मुफ्त' एवं साफ-सुथरी भूतापीय ऊर्जा को बड़े पैमाने पर उपयोगी शक्ति में बदलना संभव है। यह ऊर्जा आगे के हजारों साल तक हमारा साथ देगी।

अध्याय-6

तापनाभिकीय-ऊर्जा

सन् 1938 तक वैज्ञानिकों को इस बात की आशा नहीं थी कि यूरेनियम को विखंडित करने से बड़े पैमाने पर ऊर्जा प्राप्त हो सकती है या कि एटम-बम का निर्माण संभव है। कारण यह है कि ब्रह्मांड में इस प्रकार की परमाणु-ऊर्जा का निर्माण नहीं होता। सूर्य तथा अन्य तारों की भीषण ऊर्जा यूरेनियम या थोरियम ईंधनों की ऊर्जा नहीं है। सूर्य तथा अन्य तारों की ऊर्जा का ईंधन है – हाइड्रोजन।

आज हम स्वल्प मात्रा में सूर्य तथा तारों जैसी ऊर्जा पैदा करने में समर्थ हैं, यह है हाइड्रोजन-बम की ऊर्जा। परंतु हाइड्रोजन-बम का निर्माण एटम-बम के बाद ही संभव हुआ क्यों कि हाइड्रोजन-बम की प्रक्रिया में प्रथम एटम-बम का विस्फोट होता है, तभी अतिउच्च ताप-मान में हाइड्रोजन के नाभिकों का संगलन होकर अपार ऊर्जा का उत्सर्जन होता है। यही है तापनाभिकीय ऊर्जा। इसे नाभिकों

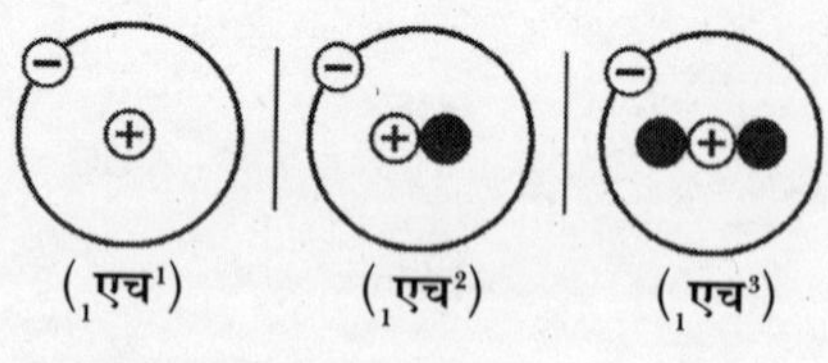

चित्र 6.1 : हाइड्रोजन-परमाणु के तीन प्रकारः बाईं ओर से क्रमशः सामान्य हाइड्रोजन (प्रोटियम), ड्यूटोरियम और ट्राइटियम। प्रोटान धन चिन्ह से, इलेक्ट्रान ऋण चिन्ह से और न्यूट्रान काले गोल से दर्शाए गए हैं।

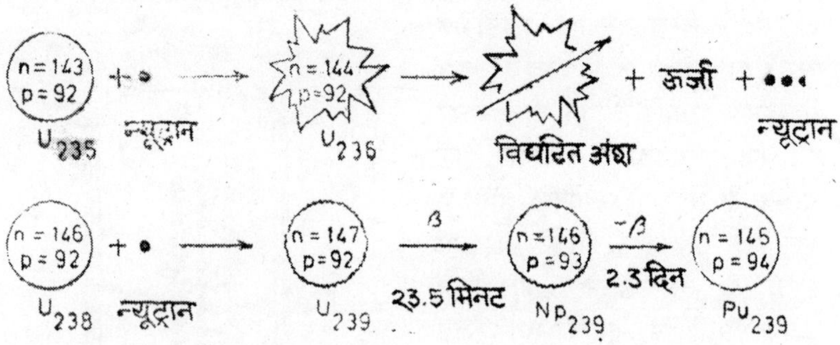

चित्र 6.2 : यूरेनियम के परमाणुओं के विखंडन में कुछ द्रव्य का ऊर्जा में परिवर्तन हो जाता है।

के संगलन की ऊर्जा भी कहते हैं।

एक विनाशक अस्त्र के साथ परमाणु-ऊर्जा के युग का उद्‌घाटन हुआ। सारी दुनिया आतंकित रह गई। परंतु अब इस परमाणु-ऊर्जा का एक उपयोगी शक्ति के रूप में भी इस्तेमाल होने लगा है, इसलिए हम कह सकते हैं कि वैज्ञानिकों ने 'प्रायश्चित' कर लिया है।

परमाणु के केंद्र में उसका नाभिक होता है और इसके इर्द-गिर्द कम-अधिक संख्या में इलेक्ट्रोन चक्कर काटते रहते हैं। परमाणु का नाभिक प्रोटोन न्यूट्रोन आदि अनेक कणों से बना होता है। जैसे, जिसे यूरेनियम-235 नामक परमाणु के नाभिक को तोड़ कर हम ऊर्जा प्राप्त करते हैं, उसमें 92 प्रोटोन तथा 143 न्यूट्रोन होते हैं। इन्हीं के संयोजन से यूरेनियम-235 का नाभिक बनता है। इस नाभिक के इर्द-गिर्द विभिन्न कक्षाओं में 92 इलेक्ट्रोन परिक्रमा करते रहते हैं।

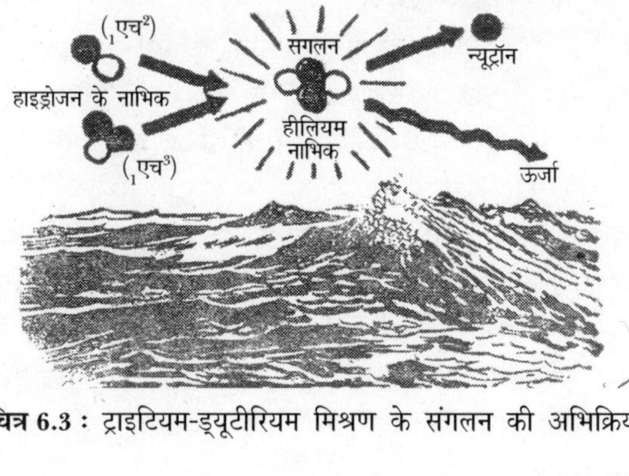

चित्र 6.3 : ट्राइटियम-ड्यूटीरियम मिश्रण के संगलन की अभिक्रिया

सबसे सरल परमाणु हाइड्रोजन तत्व का होता है। वस्तुतः इस हाइड्रोजन परमाणु के भी तीन प्रकार हैं। जिस हाइड्रोजन परमाणु के नाभिक में सिर्फ एक प्रोटोन होता है और एक इलेक्ट्रोन इसकी परिक्रमा करता है, उसे सामान्य हाइड्रोजन अथवा प्रोटियम कहते हैं। जिस हाइड्रोजन परमाणु के नाभिक में एक प्रोटोन के साथ एक न्यूट्रोन होता है, उसे ट्रिटियम कहते हैं। इन तीनों प्रकार के हाइड्रोजन में एक प्रोटोन तथा एक इलेक्ट्रोन ही रहता है। न्यूट्रोन-कणों की कम-अधिक संख्या के कारण ही इस प्रकार एक तत्व के परमाणुओं में भेद किया जाता है।

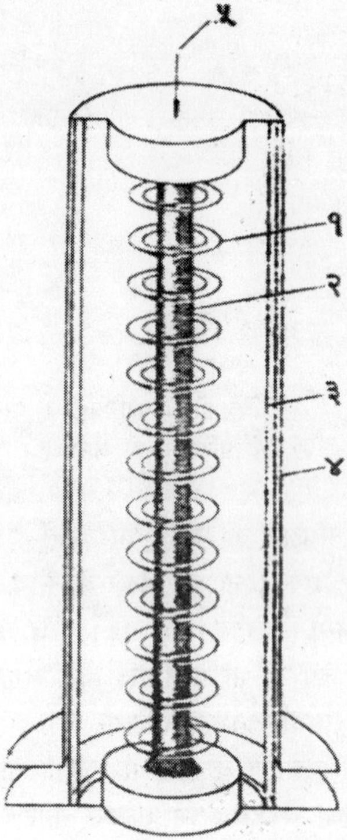

चित्र 6.4 : संकुचन प्रभाव : 1 चुंबकीय बल की धाराएं, 2 संकुचित प्लाज्मा का स्तंभ, 3 प्रतिरोधक दीवार, 4 संवाहक दीवार और 5 धारा की दिशा।

परमाणुओं के नाभिकों को जोड़ना भी संभव है। जब किसी तत्व के दो नाभिक आपस में जुड़ जाते हैं तब एक नए तत्व के नाभिक का जन्म होता है। साथ ही, इस प्रक्रिया में कुछ ऊर्जा भी पैदा होती है। इसे ही संगलन की ऊर्जा या तापनाभिकीय ऊर्जा कहते हैं। सबसे हल्के हाइड्रोजन तत्व के नाभिक आपस में जुड़ कर हीलियम तत्व के नाभिकों में बदल जाते हैं और इस प्रक्रिया में काफी ऊर्जा का उत्सर्जन होता है। सूर्य तथा अन्य तारों की ऊर्जा हाइड्रोजन नाभिकों के इसी प्रकार के संगलन की ऊर्जा है।

सूर्य हमसे करीब 15 करोड़ किलोमीटर दूर है। गैसों के इस विशाल गोले का व्यास लगभग 14 लाख किलोमीटर है। सूर्य का 80 प्रतिशत से अधिक द्रव्य हाइड्रोजन है। वस्तुतः ब्रह्मांड में हाइड्रोजन की ही प्रचुरता है। और यही हाइड्रोजन द्रव्य सूर्य तथा अन्य तारों की भीषण ऊर्जा का मूल ईंधन है।

सूर्य की भट्ठी उसके केंद्र भाग में है। इस केंद्रीय भट्ठी पर सूर्य के ऊपरी

द्रव्य का हमारे अरबों वायुमंडलों के तुल्य दाब है और वहां तापमान लगभग डेढ़ करोड़ डिग्री सेंटीग्रेड है। दाब तथा तापमान की इन भीषण परिस्थितियों में हाइड्रोजन के नाभिकों से इलेक्ट्रोन टूट कर अलग हो जाते हैं। इस प्रकार नाभिकों तथा इलेक्ट्रानों के मिश्रण का द्रव्य तैयार हो जाता है। इस प्रकार के द्रव्य को प्लाज्मा कहते हैं।

सूर्य की केंद्रीय भट्ठी में हाइड्रोजन के नाभिक आपस में मिल कर हीलियम में रूपांतरित होते रहते हैं और इस प्रक्रिया में जो ऊर्जा पैदा होती है, वह विविध प्रकार के विकिरण के रूप में सूर्य की सतह की ओर पहुंचती रहती है। इसी ऊर्जा का स्वल्प अंश 15 करोड़ किलोमीटर की दूरी तै करने के बाद हमारी पृथ्वी को मिलता है। अतः स्पष्ट है कि सूर्य की ऊर्जा का ईंधन हाइड्रोजन है और हीलियम उसकी 'राख' है।

वैज्ञानिकों की गणना के अनुसार सूर्य की केंद्रीय भट्ठी में प्रति सेकंड 5640 लाख टन हाइड्रोजन ईंधन 5600 लाख टन हीलियम राख में रूपांतरित हो जाता है। अर्थात् प्रति सेकंड सूर्य का 40 लाख टन द्रव्य ऊर्जा में बदल जाता है। सूर्य पिछले करीब पांच अरब साल से इसी प्रकार अपने हाइड्रोजन ईंधन को खर्च करता आ रहा है। सूर्य में अभी भी इतना अधिक हाइड्रोजन है कि वह आगे के पांच अरब साल तक इसी प्रकार ऊर्जा पैदा करता रहेगा। वर्तमान सदी के तीसरे दशक में पहली बार वैज्ञानिकों को जानकारी मिली कि सूर्य तथा अन्य तारों में किस प्रकार की ऊर्जा पैदा होती है। परंतु युद्ध-जनित परिस्थितियों ने परमाणु-ऊर्जा के शोध-कार्य को दूसरी ही दिशा दी और सर्वप्रथम हमें परमाणुओं के विखंडन की ऊर्जा की जानकारी मिली। इसी ऊर्जा से हाइड्रोजन-बम को विस्फोटित करना संभव हुआ। 1950 ई. के बाद हाइड्रोजन-बम बने और उसी समय से इस ऊर्जा पर नियंत्रण पाकर इसे एक उपयोगी शक्ति में बदलने के प्रयत्न शुरू हुए।

चित्र 6.5 : भविष्य के व्यावसायिक स्तर के संगलन-रिएक्टर का स्वरूप।

काफी सफलता भी मिली है। जहां तक हाइड्रोजन-ईंधन की बात है, उसकी हमें आगे के हजारों साल तक कोई चिंता नहीं रहेगी।

हाइड्रोजन में प्रोटियम यानी सामान्य हाइड्रोजन ही प्रचुर मात्रा में उपलब्ध है। उपलब्ध हाइड्रोजन में सामान्य हाइड्रोजन का अंश 99.98 प्रतिशत रहता है, तो ड्यूटेरियम अथवा भारी हाइड्रोजन का केवल 0.015 प्रतिशत। ट्रिटियम नामक हाइड्रोजन कृत्रिम रूप से तैयार किया जा सकता है।

हाइड्रोजन तथा ऑक्सीजन के मेल से पानी बनता है, और हमारी धरती पर महासागरों के रूप में पर्याप्त पानी मौजूद है। इस पानी से हम हाइड्रोजन प्राप्त कर सकते हैं। परंतु ऊर्जा प्राप्त करने के लिए हमें सामान्य हाइड्रोजन की नहीं, ड्यूटेरियम तथा ट्रिटियम नामक हाइड्रोजन की जरूरत है। वैसे, सूर्य की केंद्रीय भट्ठी में सामान्य हाइड्रोजन के नाभिकों का ही ईंधन के रूप में इस्तेमाल होता है, परंतु इससे बड़ी धीमी रफ्तार से ऊर्जा प्राप्त होती है। धरती की परिस्थितियों में आरंभ में हमें ड्यूटेरियम तथा ट्रिटियम ईंधनों का ही उपयोग करना होगा।

एक पौंड यूरेनियम का विखंडन करके जो ऊर्जा प्राप्त होती है, करीब डेढ़ हजार टन कोयले को जला कर प्राप्त की गई ऊर्जा के बराबर होती है। परंतु एक पौंड ड्यूटेरियम तथा ट्रिटियम के नाभिकों का संगलन होकर हीलियम के निर्माण से जो ऊर्जा पैदा होती है, वह करीब 5 हजार टन कोयले को जला कर प्राप्त की गई ऊर्जा के बराबर होती है। इसीलिए हम कहते हैं कि इस तापनाभिकीय ऊर्जा पर काबू पा लेने से लंबे समय तक के लिए ऊर्जा के मामले में हम निश्चिंत हो जाएंगे।

इस तापनाभिकीय ऊर्जा के मामले में एक और बात बड़े महत्व की है। जब हम कोयले या तेल का इस्तेमाल करते हैं, तब उससे राख तथा धुआं निकलता है, जो हमारे वायुमंडल को दूषित करता है। यूरेनियम, थोरियम आदि परमाणु-ईंधनों से प्राप्त की जाने वाली ऊर्जा के साथ भी बड़ी दिक्कतें हैं। इस ऊर्जा के निर्माण में रेडियमधर्मी 'राख' पैदा होती है, जो हमारे लिए बड़ी घातक है। इसे कहां और कैसे दफनाया जाए, यह एक बड़ी समस्या है। आगे जाकर यह एक बड़ी विकट समस्या बन जाएगी। परंतु हाइड्रोजन अथवा ड्यूटेरियम ईंधन के साथ ऐसी कोई समस्या नहीं है। यह रेडियमधर्मी ईंधन नहीं है और इससे ऊर्जा प्राप्त करने के बाद कोई घातक राख पैदा नहीं होती। विमान तथा रेल जैसे वाहनों में तापनाभिकीय ऊर्जा का उपयोग करना संभव होगा, क्योंकि तब दुर्घटना होने पर भी दूसरों के लिए कोई खतरा नहीं पैदा होगा। इस मामले में

इस तापनाभिकीय ऊर्जा को हम बड़ी ही स्वच्छ एवं साफ-सुथरी ऊर्जा मान सकते हैं। हां, ट्रिटियम एक रेडियमधर्मी तत्व है, परंतु इसकी स्वल्प मात्रा के कारण इससे कोई खतरा नहीं रहेगा।

अब हमें देखना है कि इस ड्यूटेरियम तथा ट्रिटियम ईंधन से किस प्रकार ऊर्जा प्राप्त की जा सकती है। सबसे पहले हमें यह जानना है कि इस ईंधन को किस प्रकार सुलगाया जाता है। इस ईंधन को प्लाज्मा का रूप देने के बाद ही इससे ऊर्जा प्राप्त करना संभव है।

प्लाज्मा क्या है?

जब हम किसी ठोस वस्तु को गर्म करते हैं तो उसके अणुओं के बंधन कुछ ढीले हो जाते हैं और वह वस्तु तरल बन जाती है। उसे और अधिक गर्म करने से अणुओं के आपसी बंधन पूरी तरह टूट जाते हैं और वह वस्तु गैसीय रूप धारण करती है। यदि हम एक पात्र में बंद गैस को अधिकाधिक उष्णता पहुंचाए तो क्या होगा? गैस के अणु-परमाणु अधिकाधिक तीव्रता से दौड़ेंगे, एक-दूसरे से टकराएंगे। परिणामतः इनके परमाणुओं के इलेक्ट्रोन अपने नाभिकों के बंधन से मुक्त होते जाएंगे। अंत में वह वस्तु द्रव्य की एक विशिष्ट अवस्था में पहुंच जाएगी। वह वस्तु आजाद

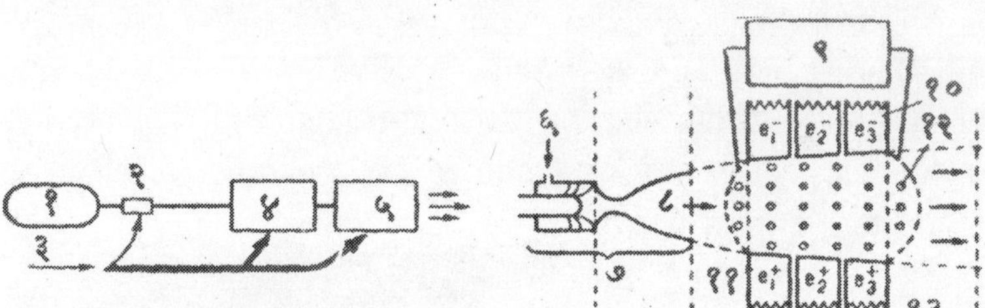

चित्र 6.6 : एम.एच.डी. राकेट इंजन का आरेख–(1) द्रव ईंधन (2) पम्प (3) बिजली सप्लाई (4) प्लाज्मा जेनरेटर (5) प्लाज्मा त्वरक (6) प्लाज्मा गैस का प्रवेश-मुख (7) प्लाज्मा आर्क (8) प्लाज्मा जेट (9) चुम्बकीय क्षेत्र का प्रभाव-मंडल (10-11) इलेक्ट्रांड (12) चुम्बकीय शक्ति-धाराएं तथा (13) करेंट।

इलेक्ट्रोनों, आयनों यानी कुछ इलेक्ट्रोनों को धारण किए हुए नाभिकों तथा कुछ परमाणुओं का मिश्रण बन जाएगी। ऐसे ही मिश्रण को प्लाज्मा कहते हैं। इस प्लाज्मा को लाखों-करोड़ों डिग्री सेंटीग्रेड तापमान की उष्णता पहुंचाने से इसके नाभिक तथा इलेक्ट्रोन एक-दूसरे से पूर्णतः अलग हो जाते हैं।

द्रव्य की तीन अवस्थाओं से हम भलीभांति परिचित हैं। यह तीन अवस्थाएं

हैं – ठोस, द्रव, तथा गैस। पानी इन तीनों अवस्थाओं में पाया जाता है। प्लाज्मा द्रव्य की चौथी अवस्था है। प्लाज्मा द्रव्य के अपने कुछ विशिष्ट गुण-धर्म हैं और इनकी जानकारी हमें पिछले कुछ दशकों से ही मिल रही है। ब्रह्मांड का 99 प्रतिशत द्रव्य इसी प्लाज्मा अवस्था में है, इसलिए इसे हम द्रव्य की पहली अवस्था भी मान सकते हैं। पिछले कुछ वर्षों से प्लाज्मा का कई प्रकार से उपयोग हो रहा है और प्लाज्मा भौतिकी आज एक बड़ा विकासशील विज्ञान है। ड्यूटेरियम और ट्रिटियम के अतितप्त प्लाज्मा से ही तापनाभिकीय ऊर्जा प्राप्त की जाती है।

तापनाभिकीय ऊर्जा

सामान्यतः परमाणुओं के नाभिक एक-दूसरे को दूर ढकेलते हैं। परंतु काफी अधिक ऊर्जा प्रदान की जाए तो इन नाभिकों को जोड़ना यानी इनका संगलन करना संभव है। इस प्रक्रिया में एक नए तत्व के परमाणु का नाभिक जन्म लेता है और साथ ही कुछ द्रव्य ऊर्जा में बदल जाता है। संगलन की प्रक्रिया से जनित यह ऊर्जा नाभिकों को प्रदान की गई ऊर्जा से अधिक होती है, यानी संगलन की इस ऊर्जा से आगे अधिक नाभिकों का संगलन संभव है। इस प्रकार संगलन की एक शृंखलाबद्ध प्रक्रिया शुरू हो जाती है।

संगलन की प्रक्रिया शुरू करने के लिए आरंभ में ड्यूटेरियम तथा ट्रिटियम ईंधन को काफी ऊर्जा प्रदान करनी पड़ती है। इस प्लाज्मा को करीब 10 करोड़ डिग्री तापमान पर पहुंचाना होता है। विशिष्ट परिस्थितियों में स्वल्पावधि के लिए एक बार इतनी अधिक ऊर्जा प्रदान करने के बाद ड्यूटेरियम तथा ट्रिटियम के नाभिक आपस में जुड़कर हीलियम के नाभिक में बदल जाते हैं और साथ ही कुछ द्रव्य को ऊर्जा में बदल देते हैं। इस ऊर्जा से पुनः नए नाभिकों का संगलन होता है।

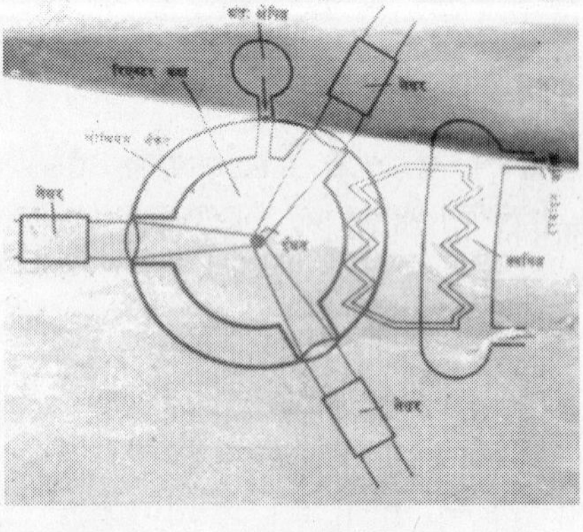

चित्र 6.7 : लेसर संगलन-रिएक्टर का आयोजन

हाइड्रोजन-बम के विस्फोट में यही होता है। उसमें सर्वप्रथम एटम-बम का विस्फोट करके करीब 10 करोड़ डिग्री तापमान प्राप्त किया जाता है। इस आरंभिक ऊर्जा से ड्यूटेरियम तथा ट्रिटियम के नाभिकों को एक

क्षणांश में संगलन होकर एकाएक अपार ऊर्जा का उत्सर्जन होता है। हम चाहते हैं कि यही ऊर्जा नियंत्रित रूप से बाहर आए। इसके लिए हमें संगलित होने वाले प्लाज्मा को एक पात्र में धारण करना होगा। किंतु 10 करोड़ डिग्री तापमान वाले प्लाज्मा को धारण कर सकने वाला पात्र हम कहां से लाए? और नियंत्रित तापनाभिकीय ऊर्जा की यही बड़ी समस्या है। परंतु इस समस्या के भी समाधान खोजे जा रहे हैं।

चुंबकीय बोतल

अतितप्त प्लाज्मा को धारण करने के लिए थर्मस बोतल की तरह चुंबकीय बोतल का निर्माण संभव है। हम जानते हैं कि विद्युत्-धारा अपने चहुं ओर चुंबकीय क्षेत्र का निर्माण करती है। अतः एक नलिका में प्लाज्मा द्रव्य को रखकर उसके चतुर्दिक वलयाकार चुंबकीय क्षेत्र स्थापित किया जाए तो उस प्लाज्मा को उस नलिका की दीवारों से दूर रखा जा सकता है। प्लाज्मा से दौड़ने वाले करेंट की तीव्रता बढ़ने से चुंबकीय क्षेत्र भी शक्तिशाली हो जाता है। परिणामतः नलिका के भीतर का प्लाज्मा द्रव्य उसकी दीवारों से दूर हटकर बीच में सिमटकर दौड़ने लगता है। करेंट की तीव्रता के साथ चुंबकीय क्षेत्र की तीव्रता भी बढ़ती है और प्लाज्मा का तापमान भी बढ़ जाता है। अतितप्त प्लाज्मा नलिका की दीवारों से दूर बीच में सिमटकर दौड़ने लगता है और अन्त में उसमें नाभिकों के संगलन की प्रक्रिया शुरू हो जाती है।

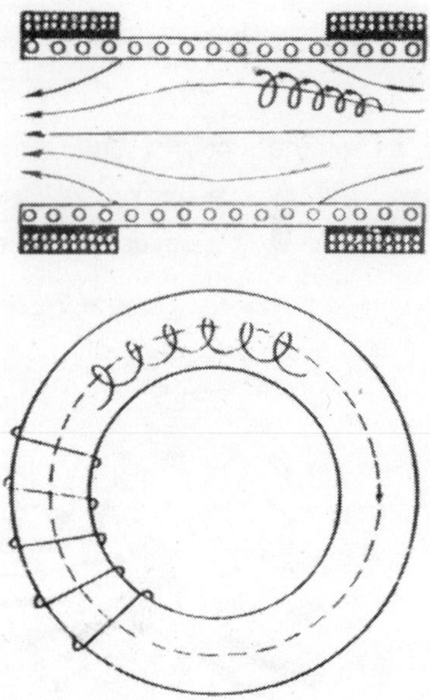

चित्र 6.8 : अतितप्त प्लाज्मा को निलंबित धारण करके आबद्ध रखने वाली दो प्रकार की 'चुंबकीय बोतलें'

यह हुआ सैद्धांतिक विवेचन। प्रायोगिक स्तर पर विभिन्न प्रकार की चुंबकीय बोतलें तैयार करने में भी सफलता मिली है। अतितप्त प्लाज्मा को धारण कर सकने वाले कई प्रकार के प्रायोगिक उपकरण

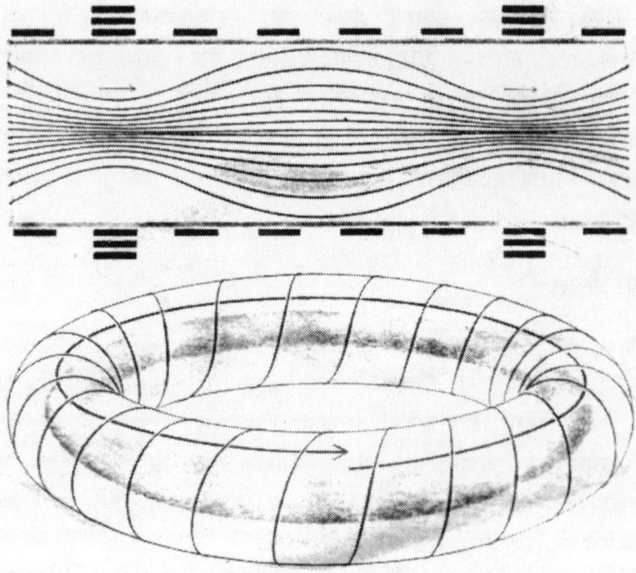

चित्र 6.9 : अतितप्त प्लाज्मा को निलंबित धारण करने वाली दो प्रकार की 'चुंबकीय बोतलें'।

बने हैं। तोकोमक, स्टेलरेटर आदि इनके नाम हैं। ऐसे कुछ उपकरण टायर के आकार के हैं, कुछ अंतर्राष्ट्रीय अंक आठ के आकार के हैं तो कुछ सीधी नली के आकार के भी हैं। प्लाज्मा को कई लाख डिग्री सेंटीग्रेड तापमान प्रदान करना

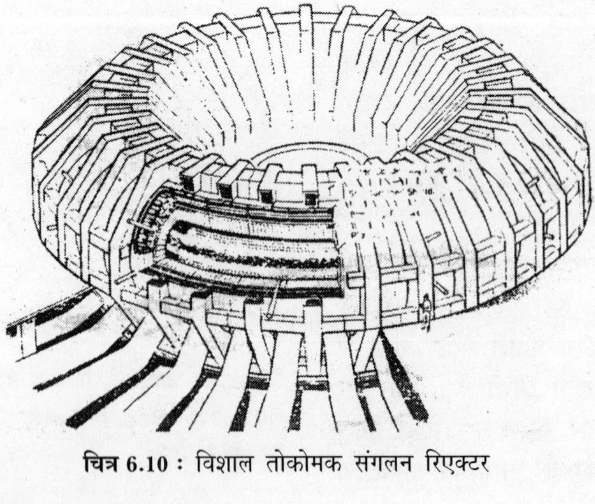

चित्र 6.10 : विशाल तोकोमक संगलन रिएक्टर

भी संभव हुआ है। लेसर किरणों से संभवतः एक करोड़ डिग्री तापमान प्राप्त करना भी संभव है। परंतु हमें अधिक ऊंचे तापमान की जरूरत है। चुंबकीय पात्र में प्लाज्मा को धारण करके उस पर नियंत्रण पाने में भी अभी कई कठिनाइयां हैं। लेकिन अमेरिका, भूतपूर्व सोवियत संघ तथा अन्य कुछ देशों में इस क्षेत्र में बड़ी तेजी से काम हो रहा है। भूतपूर्व सोवियत संघ के वैज्ञानिक तापनाभिकीय ऊर्जा के तोकोमक नामक कई प्रायोगिक उपकरणों का निर्माण कर चुके हैं।

अब सवाल है – तापनाभिकीय ऊर्जा पर नियंत्रण पाकर इसे एक उपयोगी शक्ति में बदलना कब तक संभव होगा?

प्रायः सभी वैज्ञानिक स्वीकार करते हैं कि देर-सवेर यह अवश्य संभव होगा। प्लाज्मा गुणधर्मों के बारे में अभी हमें पूरी जानकारी नहीं मिली है, इसीलिए इसमें देर हो रही है। अमेरिका तथा रूस के अनेक वैज्ञानिकों को आशा है कि वर्तमान सदी के अन्त समय तक तापनाभिकीय ऊर्जा पर नियंत्रण पाना संभव हो जाएगा। तब हमारा ऊर्जा-संकट निश्चय ही दूर हो जाएगा।

लेकिन तब तक क्या करें? भविष्य की आशा में हम चुपचाप बैठे नहीं रह सकते। हमें ऊर्जा के अन्य स्रोतों का इस्तेमाल करना ही होगा। ऐसे समय हमें सूर्य की मुफ्त ऊर्जा का स्मरण आता है। अब तक हमने इस ऊर्जा की बड़ी उपेक्षा की है। परंतु अब हमें इसका उपयोग करना ही होगा। भारत जैसे देश के लिए सौर-ऊर्जा का बड़ा महत्व है।

अध्याय-7

परमाणु-ऊर्जा

अब सभी जानते हैं कि परमाणु-शक्ति से बिजली पैदा की जा सकती है। हमारे देश में **तारापुर** में परमाणु-बिजली पैदा की जाती है और महाराष्ट्र तथा गुजरात को इसका वितरण होता है। राजस्थान में राणा प्रताप सागर परमाणु-बिजलीघर बनकर तैयार है। इसका एक यूनिट बिजली पैदा कर रहा है। ऐसा ही एक परमाणु-बिजलीघर मद्रास के पास कलपक्कम में बन गया है और अभी कुछ सालों पहले उत्तर प्रदेश के नरोरा परमाणु-बिजलीघर की आधारशिला रखी गई थी, जो अब बिजली पैदा कर रहा है।

चित्र 7.1 : राजस्थान परमाणु बिजलीघर-3 व 4 (रावतभाटा, राजस्थान)

संसार-भर में इस समय इस प्रकार के कोई डेढ़ सौ परमाणु-बिजलीघर हैं और करीब दो सौ परमाणु-बिजलीघरों का निर्माण हो रहा है। बहुतों को अब पता है कि इन परमाणु-बिजलीघरों में यूरेनियम-ईंधन का प्रयोग होता है। परंतु इनमें ठीक किस किस्म के यूरेनियम का इस्तेमाल होता है और उसे प्राप्त करने में क्या कठिनाइयां हैं, इसकी बहुतों को जानकारी नहीं है।

यूरेनियम मुख्यतः दो प्रकार का होता है— **यूरेनियम-238** और **यूरेनियम-235**। इनमें से प्रथम किस्म के यूरेनियम के परमाणुओं को तोड़कर ऊर्जा प्राप्त करना सहज संभव नहीं है, परंतु दूसरे किस्म के यू-235 के परमाणुओं के नाभिकों को विखंडित करके उनसे ऊर्जा प्राप्त की जा सकती है। एटम-बम बनाने के लिए यू-235 का ही उपयोग होता है। तारापुर बिजलीघर के रिएक्टर में भी यू-235 ईंधन का ही उपयोग होता है।

चित्र 7.2 : राजस्थान परमाणु बिजलीघर-1 व 2 (रावतभाटा, राजस्थान)

चित्र 7.3 : तारापुर परमाणु बिजलीघर-1 व 2 (तारापुर, महाराष्ट्र)

चित्र 7.4 : मद्रास परमाणु बिजलीघर-1 व 2 (कलपक्कम, तमिलनाडु)

इस यूरेनियम-ईंधन के बारे में सबसे बड़ी कठिनाई यह है कि इसमें यूरेनियम-238 के साथ यूरेनियम-235 की मात्रा बहुत कम होती है। एक हजार किलोग्राम प्राकृतिक यूरेनियम में यूरेनियम-235 केवल 7 किलोग्राम होता है। अर्थात्, प्राकृतिक यूरेनियम में उस विशिष्ट यूरेनियम का हिस्सा हजार में केवल सात होता है, जिससे 'आसानी' से ऊर्जा प्राप्त की जा सकती है।

चित्र 7.5 : नरौरा परमाणु बिजलीघर-1 व 2
(नरौरा, उत्तर प्रदेश)

संसार में यूरेनियम-खनिजों के भंडार वैसे ही काफी कम हैं। इन खनिजों से बड़ी कठिनाई से ही प्राकृतिक यूरेनियम प्राप्त किया जाता है। इस प्राकृतिक यूरेनियम से भी उसके एक स्वल्पांश का ही ऊर्जा प्राप्त करने के लिए इस्तेमाल होता है। और, सबसे दुखद बात यह है कि इतनी कठिनाई से प्राप्त किए गए इस यूरेनियम-ईंधन से जब हम बिजली प्राप्त करते हैं तो वह इसमें निहित ऊर्जा की मात्रा एक प्रतिशत ऊर्जा के तुल्य होती है।

प्राकृतिक यूरेनियम-235 की जो 0.7 प्रतिशत मात्रा होती है, उसे 2 से 5 प्रतिशत तक संवर्धित करना आसान काम नहीं है। इसके लिए बहुत अधिक खर्च आता है और यह कार्य कुछ विकसित देशों के लिए ही संभव है। यही कारण है कि तारापुर परमाणु-बिजलीघर के लिए हमें संवर्धित यूरेनियम-ईंधन अमेरिकां से प्राप्त करना पड़ा है। जिन परमाणु-कुंडों में संवर्धित यूरेनियम-ईंधन का इस्तेमाल होता है, उन्हें ठंडा रखने के लिए अथवा उनसे ऊर्जा ग्रहण करने के लिए सामान्य पानी का उपयोग किया जा सकता है। तारापुर परमाणु-बिजलीघर के रिएक्टर (कुंड) में ऐसी ही व्यवस्था है।

परंतु राणा प्रताप सागर तथा कलपक्कम् के परमाणु-कुंडों की रचना कुछ भिन्न प्रकार की है। राणा प्रताप सागर के परमाणु-कुंड कानाडा के कुछ परमाणु-कुंडों की योजना के आधार पर बने हैं और ये कुंड किस्म के परमाणु-कुंड कहलाते हैं। इनमें ईंधन के रूप में प्राकृतिक यूरेनियम का इस्तेमाल होता है, यानी इनके लिए संवर्धित यूरेनियम की जरूरत नहीं होती। परंतु इनकी ऊर्जा

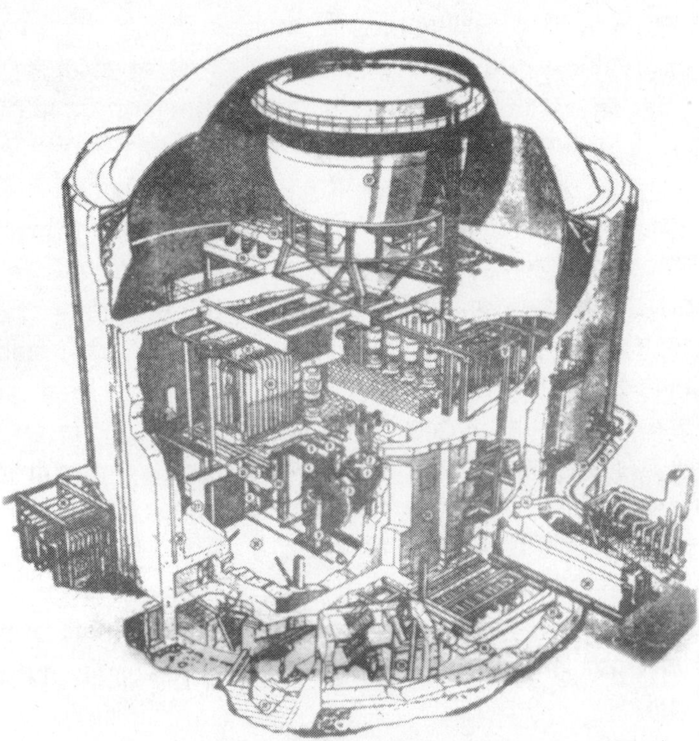

चित्र 7.6 : कनाडा के कंडु नामक परमाणु-कुंड का आरेख। राणा प्रताप सागर तथा कलपक्कम् के परमाणु-कुंड इसी प्रकार के हैं।

करने के लिए भारी पानी की जरूरत होती है। वस्तुतः सामान्य पानी से इस भारी पानी को प्राप्त करने में भी काफी खर्च आता है, परंतु अब हमारे देश में नांगल में भारी पानी को तैयार करने का कारखाना है और बड़ौदा, तूति-कोरीण आदि स्थानों पर भारी पानी के नए कारखाने बनकर तैयार हो रहे हैं। भारी पानी उपलब्ध होने से फिर संवर्धित यूरेनियम-ईंधन के लिए हमें विकसित देशों पर निर्भर नहीं रहना पड़ता। हम प्राकृतिक यूरेनियम-ईंधन से ही बिजली प्राप्त कर सकते हैं। इस प्रकार का यूरेनियम-ईंधन तैयार करने का एक बड़ा कारखाना हैदराबाद में तैयार हो गया है।

परमाणु-कुंड में न्यूट्रॉन-कण जब यूरेनियम-238 के नाभिकों से टकराते हैं तो प्लूटोनियम के परमाणुओं का जन्म होता है। वैसे, प्लूटोनियम प्राकृतिक रूप में उपलब्ध नहीं है। किंतु न्यूट्रॉन-कणों से जब यूरेनियम-238 के परमाणुओं को

चोट पहुंचती है, तो वे प्लूटोनियम-239 के परमाणुओं में बदल जाते हैं। और, यह प्लूटोनियम-239 ऐसा द्रव्य है जिससे ऊर्जा प्राप्त की जा सकती है।

अतः इस प्लूटोनियम-239 का महत्व स्पष्ट है। तारापुर परमाणु-बिजलीघर में संवर्धित यूरेनियम-ईंधन से कुछ ऊर्जा प्राप्त करने के बाद जो प्लूटोनियम तैयार होता है, उस पर अमेरिका का भी कुछ स्वामित्व है, क्योंकि मूल ईंधन अमेरिका से प्राप्त हुआ था। परंतु हमारे देश के जो परमाणु-कुंड प्राकृतिक यूरेनियम का इस्तेमाल करेंगे और उनमें जो प्लूटोनियम-239 पैदा होगा, उस पर हमारा पूरा अधिकार रहेगा। वैसे, भारतीय वैज्ञानिकों ने यूरेनियम-238 से प्लूटोनियम-239 प्राप्त करने की विधि खोज ली है और हमारे देश में दिनोदिन प्लूटोनियम-239 का संग्रह बढ़ता जा रहा है। यहां हमें यह स्मरण रखना चाहिए कि ऊर्जा (बिजली) प्राप्त करने के लिए प्लूटोनियम-239 एक अत्यंत उपयोगी परमाणु-ईंधन है। भविष्य में हमारे देश के लिए यह ईंधन बड़ा उपयोगी सिद्ध होगा। प्लूटोनियम-239 से एटम-बम भी बनाए जा सकते हैं।

हमारे देश में यूरेनियम-खनिजों के भंडार बहुत कम मिले हैं। वैसे भी संसार में यूरेनियम-खनिज अधिक मात्रा में उपलब्ध नहीं हैं। वैज्ञानिकों का मत है कि यूरेनियम के उपलब्ध भंडार, उनके ईंधन से आर्थिक दृष्टि से लाभप्रद परमाणु-ऊर्जा प्राप्त करने के लिए, आगे के कुछ दशकों तक ही टिक पाएंगे। तब आगे क्या होगा?

उपाय है। हमें ऐसा परमाणु-ईंधन प्राप्त करना होगा जिसके परमाणुओं को विखंडित करने से ऊर्जा प्राप्त होती है। ऐसा एक ईंधन है–यूरेनियम-235 जो प्राकृतिक रूप से स्वल्प मात्रा में उपलब्ध है। ऐसा दूसरा परमाणु ईंधन है–यूरेनियम-239, जो कृत्रिम रूप से यूरेनियम-238 से प्राप्त किया जाता है। और ऐसा तीसरा परमाणु-ईंधन है–यूरेनियम-233, जिसे कृत्रिम रूप से थोरियम धातु से प्राप्त किया जाता है। इनमें से पहले दो परमाणु-ईंधनों की चर्चा हम पहले कर चुके हैं, परंतु हमारे देश की दृष्टि से तीसरे परमाणु-ईंधन का विशेष महत्व है।

हमारे देश में यूरेनियम के भंडार भले ही कम हों, परंतु थोरियम-खनिज प्रचुर मात्रा में उपलब्ध है। दरअसल, संसार में सबसे अधिक थोरियम भारत में ही पाई जाती है। यह रेडियोधर्मी धातु केरल के समुद्रतट की मोनाझाइट नामक बालू में प्रचुर मात्रा में उपलब्ध है। न्यूट्रोन-कणों के आघातों से थोरियम के परमाणुओं को यूरेनियम-233 के परमाणुओं में बदला जा सकता है। और, इस प्रकार कृत्रिम रूप से तैयार किया गया यह यूरेनियम ऐसा परमाणु-ईंधन है,

जिससे यूरेनियम-235 की ही तरह ऊर्जा प्राप्त की जा सकती है। हमारे देश में वैज्ञानिकों ने अपने ही प्रयासों से थोरियम से यूरेनियम-233 प्राप्त करने की विधि खोज ली है। इस प्रकार, भारतीय वैज्ञानिक दो नए कृत्रिम परमाणु-ईंधनों–प्लूटोनियम-239 और यूरेनियम-233–को अपने ही बल पर तथा अपने ही स्रोतों से प्राप्त करने में समर्थ हैं। निकट भविष्य में इन कृत्रिम परमाणु-ईंधनों से ऊर्जा (बिजली) प्राप्त करना संभव होगा।

वर्तमान प्रणाली के परमाणु-कुंडों में मंद गतिवाले न्यूट्रोन-कणों से यूरेनियम-235 के परमाणुओं को विखंडित करके ऊर्जा प्राप्त की जाती है। परंतु विशिष्ट परमाणु-कुंडों में प्राकृतिक यूरेनियम अथवा थोरियम का इस्तेमाल करके और उनके परमाणुओं को भेदने के लिए तीव्रगामी न्यूट्रोनों की व्यवस्था करने से भी अंततोगत्वा ऊर्जा प्राप्त हो सकती है। ऐसे विशिष्ट कुंडों को तीव्रगामी अथवा द्रुतगति परमाणु-कुंड कहते हैं।

इन द्रुतगति परमाणु-कुंडों में पूरे प्राकृतिक यूरेनियम अथवा थोरियम ईंधन का इस्तेमाल होता है। इस प्रकार का कुंड यूरेनियम-238 को प्लूटोनियम-239 में बदल देता है। प्लूटोनियम-239 यूरेनियम-235 से भी अधिक ऊर्जा होती है। ऐसे कुंडों में यूरेनियम व प्लूटोनियम ईंधनों के मिश्रण का बार-बार इस्तेमाल करके ऊर्जा प्राप्त की जा सकती है। इस प्रकार, करीब 40 गुना अधिक ऊर्जा प्राप्त करना संभव है।

संक्षेप में, इन द्रुतगति परमाणु-कुंडों अथवा द्रुतगति ईंधन-जनक कुंडों की दो विशेषताएं हैं–इनमें प्राकृतिक यूरेनियम अथवा थोरियम का इस्तेमाल किया जा सकता है और इनसे करीब 40 गुना अधिक ऊर्जा प्राप्त की जा सकती है।

बड़े पैमाने पर बिजली पैदा कर सकने वाले द्रुतगति ईंधन-जनक परमाणु-कुंडों के निर्माण में अभी कुछ कठिनाइयां हैं। भूतपूर्व सोवियत संघ और अमेरिका में प्रायोगिक स्वरूप के ऐसे परमाणु-कुंडों में अनुसंधान हो रहा है और उपयोगी द्रुतगामी परमाणु-कुंड बनाना संभव है। भूतपूर्व सोवियत संघ में शेवचेंको नगर में एक उपयोगी द्रुतगति न्यूट्रोन कुंड क्रियान्वित हो गया है। उससे कुछ बिजली पैदा होती है।

इस दिशा में हमारा देश भी पीछे नहीं है। मई 1972 में तु... (ट्राम्बे) के भाभा परमाणु-अनुसंधान केन्द्र में पूर्णिमा नामक एक शून्यशक्ति (प्रायोगिक) द्रुतगति परमाणु-कुंड क्रियान्वित हो गया है। इस परमाणु-कुंड से भारतीय वैज्ञानिकों को नई विधियाँ एवं तकनीकों की जानकारी मिलेगी और जब बड़े द्रुतगति परमाणु-कुंडों का निर्माण संभव होगा तो वे पीछे नहीं रहेंगे। कलपक्कम में तैयार हो रहे परमाणु

चित्र 7.7 : भाभा परमाणु अनुसंधान केंद्र

बिजलीघर के समीप द्रुतगति ईंधन-जनक एक प्रायोगिक कुंड तैयार किया जा चुका है। इसलिए हम कह सकते हैं कि हमारा देश द्रुतगति ईंधन-जनक परमाणु-कुंडों से निकट भविष्य में प्राप्त की जाने वाली अधिक ऊर्जा के विकल्प के बारे में भी जागरूक है और जागरूक रहेगा।

अध्याय-8

प्लाज्मा-ऊर्जा

अब हमें बिजली के रूप में अधिकाधिक ऊर्जा चाहिए। कोयले व खनिज तेल से बिजली प्राप्त करने में बड़ी झंझट है। पहले इन ईंधनों को जलाकर इनके ताप से पानी की भाप बनाई जाती है और फिर इस भाप की शक्ति से टरबाइन-जैनरेटर चलाकर बिजली प्राप्त की जाती है। इस प्रक्रिया में कोयले व तेल में निहित ऊर्जा की केवल 40 प्रतिशत ऊर्जा ही हमें बिजली के रूप में प्राप्त होती है। इन ईंधनों की शेष 60 प्रतिशत ऊर्जा 'धुएं' में उड़ जाती है! और, यह धुआं हमारे वायुमंडल को दूषित भी करता है।

सीमित ईंधनों से अधिक बिजली प्राप्त करने के लिए हमें दूसरे उपाय खोजने होंगे।

ऐसा एक उपाय खोज लिया गया है और सोवियत रूस में इस विधि से 25 मेगावाट बिजली भी पैदा होने लगी है। इस विधि में रासायनिक ईंधनों को द्रव्य की एक विशिष्ट स्थिति में रूपान्तरित करके उससे सीधे बिजली प्राप्त की जाती है। द्रव्य की इस विशिष्ट स्थिति को प्लाज्मा कहते हैं।

हमारी धरती पर द्रव्य सामान्यतः तीन अवस्थाओं में पाया जाता है–गैस, द्रव तथा ठोस। द्रव्य की इन तीनों अवस्थाओं में अणु-परमाणुओं की गति-ऊर्जा न्यूनाधिक रहती है, परंतु परमाणुओं की आंतरिक रचना में कोई रद्दोबदल नहीं होता। परमाणु के दो

मुख्य घटक हैं–नाभिक और इलेक्ट्रोन। द्रव्य को यदि उच्च ताप प्रदान किया जाए तो उसके परमाणुओं के कुछ या सारे इलेक्ट्रोन नाभिकों से अलग हो जाते हैं और इस प्रकार नाभिकों तथा इलेक्ट्रोनों के मिश्रण वाला द्रव्य तैयार हो जाता है। इसे ही प्लाज्मा द्रव्य की चौथी अवस्था कहते हैं और इस प्रकार के द्रव्य के अपने कुछ विशेष गुणधर्म हैं।

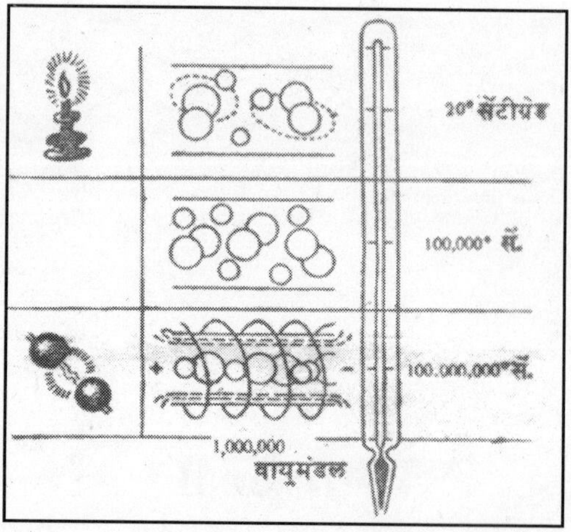

चित्र 8.1 : तापमान के अनुसार प्लाज्मा के विविध रूप

इस प्लाज्मा द्रव्य से सीधे बिजली प्राप्त की जा सकती है। विशेष बात यह है कि इस प्रक्रिया में बायलर, टरबाइन, जैनरेटर आदि चलने या घूमने वाले यन्त्र-उपकरणों की कोई जरूरत नहीं होती! एक शक्तिशाली चुम्बक के ध्रुवों के बीच से उच्च तापमान वाले प्लाज्मा गैस का जैट दौड़ाया जाता है और सीधे बिजली प्राप्त की जाती है। इसलिए इस विधि से प्राप्त ऊर्जा को चुंबक-द्रवगतिक (मैग्नेटो-हाइड्रो-डाइनेमिक–संक्षेप में, एम.एच.डी.) ऊर्जा भी कहते हैं। नाम भले ही भारी-भरकम लगता हो, किन्तु बिजली पैदा करने वाली इस विधि को समझना कठिन नहीं है।

वस्तुतः इस विधि की पिछले कोई डेढ़ सौ साल से हमें जानकारी है। हम जानते हैं कि चुम्बकीय क्षेत्र में यदि कंडक्टर को घुमाया जाए तो उसमें करेंट पैदा होता है। परंतु यह आवश्यक नहीं है कि वह कंडक्टर ठोस तार का ही बना हो। कंडक्टर किसी द्रव्य या गैस का भी हो सकता है। और, इस नई विधि में गैसीय प्लाज्मा का ही कंडक्टर के रूप में इस्तेमाल होता है।

इस विधि से बिजली प्राप्त करने की प्रक्रियाएं कुछ इस क्रम से होती हैं: पहले कोयले या तेल को जलाकर उच्च तापमान वाली गैस प्राप्त की जाती है। प्राकृतिक गैस का भी उपयोग हो सकता है। इस अतितप्त गैस में आजाद इलेक्ट्रोन काफी रहते हैं। ऐसे इस गैस में कुछ विशिष्ट द्रव्यों को मिलाने से आजाद इलेक्ट्रोनों की संख्या बढ़ जाती है। तब इस प्लाज्मा गैस को एक तुंड

में से गुजारकर त्वरित किया जाता है। फलतः इसका तापमान और भी अधिक बढ़ जाता है। तदनंतर इस प्लाज्मा गैस को एक शक्तिशाली चुंबक के ध्रुवों के बीच के आयताकार मार्ग से गुजारा जाता है। इस मार्ग की दीवारें इलेक्ट्रोडों का काम करती हैं, यानी ये करेंट को ग्रहण करती हैं। यहां हमें स्मरण रखना चाहिए कि इलेक्ट्रोनों के प्रवाह का नाम ही इलेक्ट्रीसिटी है। प्लाज्मा के आजाद इलेक्ट्रोन ही उससे अलग हो कर यह बिजली पैदा करते हैं।

उपर्युक्त व्यवस्था में किसी टरबाइन या घूमने या चलने वाले यंत्र-उपकरण की आवश्यकता नहीं है। तीव्रगति प्लाज्मा के अलावा शेष सभी कुछ स्थिर रहता है। अतः ऐसी व्यवस्था में प्लाज्मा के तापमान को काफी ऊंचा उठाया जा सकता है। इस प्रक्रिया से रासायनिक ईंधनों में निहित ऊर्जा का 60 प्रतिशत हिस्सा बिजली की ऊर्जा में रूपान्तरित करना संभव है। इसका अर्थ यह हुआ कि, इस नई विधि से हम अपने इन्हीं रासायनिक ईंधनों से 50 प्रतिशत अधिक बिजली प्राप्त कर सकते हैं!

अब हम देखेंगे कि सोवियत संघ में इस नई विधि से बिजली प्राप्त करने के लिए स्थापित किया गया संयंत्र किस प्रकार कार्य करता है। यह संयंत्र यू-25 के नाम से जाना जाता है।

इस संयंत्र में ईंधन के रूप में प्राकृतिक गैस का इस्तेमाल होता है। ऑक्सीजन से संवर्धित हवा को 1200 डिग्री सेंटीग्रेड तक तपाकर दहन कक्ष में पहुंचाया जाता है। दहन कक्ष विशेष प्रकार का बनाया गया है। इसमें ईंधन जलकर प्लाज्मा गैस तैयार होती है। इसमें पोटेशियम-कार्बोनेट की मात्रा छोड़कर प्लाज्मा को अधिक कार्यक्षम बनाया जाता है, यानी उसमें अधिक इलेक्ट्रोन पैदा होते हैं। प्लाज्मा गैस का तापमान 2500 डिग्री सेंटीग्रेड पर पहुंच जाता है!

इस प्रकार दहन कक्ष में निर्मित यह प्लाज्मा गैस एक तुंड में पहुंचाई जाती है, जहां इसे 850 मीटर प्रति सेकंड की गति मिलती है। तदनंतर यह प्लाज्मा गैस उस चुंबक के ध्रुवों के बीच के मार्ग से गुजरती है। इस मार्ग की दीवारों के इलेक्ट्रोड करेंट ग्रहण करते हैं। आगे यह प्रत्यावर्ती करेंट में बदला जाता है।

बाहर आई हुई प्लाज्मा गैस काफी उष्ण होती है। अतः इससे पानी की भाप बनाई जाती है, जिससे टरबाइन-जैनरेटर चलाकर अतिरिक्त बिजली प्राप्त की जाती है!

प्लाज्मा गैस में इलेक्ट्रोनों का अनुपात बढ़ाने के लिए आरंभ में उसमें जो पोटाशियम कार्बोनेट मिलाया गया था, उसे बाद में अलग कर लिया जाता है। इस प्रकार, इस पूरी प्रक्रिया में ऐसा कोई पदार्थ पैदा नहीं होता जो धुआं बन

कर वायुमंडल को दूषित कर दे। इस दृष्टि से इस प्लाज्मा ऊर्जा को हम 'साफ व शुद्ध ऊर्जा' मान सकते हैं।

विशेष बात यह है कि इस विधि से बिजली प्राप्त करने के लिए जो संयंत्र स्थापित किया जाता है, उसमें टरबाइन-जैनरेटर वाले प्रचलित संयंत्र से अधिक खर्च नहीं आएगा। और, हमने देखा ही है कि इस विधि से उसी ईंधन से 50 प्रतिशत अधिक ऊर्जा प्राप्त करना संभव है।

सोवियत संघ में प्लाज्मा ऊर्जा का जो संयंत्र स्थापित किया गया है, वह आरंभिक प्रयास है। वहां कुछ भिन्न किस्म के प्लाज्मा संयंत्र भी स्थापित करने की तैयारियां हो रही हैं। परंतु अमेरिका में इस दिशा में बड़ी धीमी रफ्तार से कार्य हो रहा है। इंग्लैंड के वैज्ञानिक भी इस क्षेत्र में कोई विशेष कार्य नहीं कर रहे हैं।

और हमारे देश के वैज्ञानिक? लगता है कि हमारे देश के अनेक वैज्ञानिक इंग्लैंड व अमेरिका से ही प्रेरणा ग्रहण करने के आदी हैं। परंतु अब सोवियत रूस की सफलताएं हमारे सामने हैं। उनसे जानकारी प्राप्त करके हमारे देश के वैज्ञानिक और हमारी शासन व्यवस्था प्लाज्मा ऊर्जा के अनुसंधान-कार्य को आगे बढ़ा सकते हैं। स्मरण रहे कि ऊर्जा के इस विकल्प को सफल बनाने का अर्थ है—उसी ईंधन और उतने ही खर्च से 50 प्रतिशत अधिक बिजली प्राप्त करना।

अध्याय-9

एम.एच.डी. (मैग्नेटो-हाइड्रो-डाइनेमिक्स)

इस समय ऊर्जा-संकट के निवारण के लिए संसार-भर के विशेषज्ञ दो प्रकार के प्रयासों में जुटे हुए हैं। एक, ऊर्जा के नए साधन खोजे जा रहे हैं। दूसरे, उपलब्ध साधनों की क्षमता बढ़ाने के प्रयास जारी हैं। इस दूसरे प्रकार के प्रयासों में आजकल जिस संयोजना को सर्वाधिक महत्व दिया जा रहा है, वह है एम.एच.डी.। मैग्नेटो-हाइड्रो-डाइनेमिक्स शब्दों के यह तीन आद्याक्षर आज ऊर्जा के क्षेत्र में एक नई आशा के प्रतीक बन गए हैं। यह एक ऐसी संयोजना है जो कोयले या तेल या गैस की उतनी ही मात्रा से वर्तमान संयोजनाओं से करीब डेढ़ गुना अधिक बिजली पैदा कर सकती है। जाहिर है कि हमारे देश के लिए, जहां पर्याप्त कोयला मौजूद है, एम.एच.डी. जैसी संयोजना का विशेष महत्व है। इसीलिए पांचवीं पंचवर्षीय योजना के अंतर्गत 25 मेगावाट का एक एम.एच.डी. जेनरेटर स्थापित करने का निर्णय लिया गया था।

जब हम कोयला, तेल या प्राकृतिक गैस को बिजली बनाने के लिए इस्तेमाल करते हैं, तब इन रासायनिक ईंधनों में निहित ऊर्जा का काफी अंश निरर्थक चला जाता है। जैसे, ताप-बिजलीघरों में इस्तेमाल होने वाले कोयले या तेल की करीब 35 प्रतिशत रासायनिक ऊर्जा ही विद्युत-ऊर्जा में बदलती है, बाकी लगभग 65 प्रतिशत ऊर्जा व्यर्थ ही चली जाती है! अब जब यह स्पष्ट हो गया है कि धरती में कोयले तथा तेल के भंडार सीमित

हैं, तो इन ईंधनों की ऐसी बरबादी चिंतनीय है। परंतु इस स्थिति के कुछ कारण हैं। इन्हें समझने के लिए हमें जानना होगा कि कोयले या तेल से बिजली किस प्रकार बनती है।

कोयला, तेल या प्राकृतिक गैस जैसे ईंधनों में समाई हुई ऊर्जा को हम रासायनिक ऊर्जा कहते हैं। इन ईंधनों को जलाने से इनकी रासायनिक ऊर्जा ताप-ऊर्जा में बदल जाती है। फिर इस ताप-ऊर्जा से पानी की भाप बनाई जाती है। यह भाप टरबाइन को चलाती है, यानी ताप-ऊर्जा यांत्रिक ऊर्जा में बदल जाती है। टरबाइन के साथ जेनरेटर जुड़ा रहता है और यह यांत्रिक ऊर्जा को विद्युत-ऊर्जा में बदलता है। इस प्रकार हम देखते हैं कि कोयला, तेल तथा प्राकृतिक गैस की रासायनिक ऊर्जा दो अन्य स्तरों – ताप-ऊर्जा और यांत्रिक-ऊर्जा से गुजरने के बाद ही विद्युत-ऊर्जा के रूप में प्राप्त होती है। बीच के इन्हीं स्तरों के कारण ईंधनों में निहित रासायनिक ऊर्जा को अधिक मात्रा में विद्युत-ऊर्जा में बदलना संभव नहीं हो पाता। सब कुछ ईंधन के तापमान पर निर्भर करता है। कोयले या तेल की भट्ठियों में 2000 डिग्री सेंटीग्रेड तापमान तो प्राप्त किया जा सकता है, किंतु टरबाइन के ब्लेड 600 डिग्री सेंटीग्रेड से अधिक तापमान पर काम नहीं कर सकते। इन्हीं सब कारणों से रासायनिक ईंधनों की अधिक से अधिक 45 प्रतिशत ऊर्जा को ही विद्युत-ऊर्जा में बदलना संभव हो सकता है।

डेढ़ गुनी बिजली

परंतु उतने ही रासायनिक ईंधन से अधिक बिजली प्राप्त करने के भी कुछ उपाय हैं। गैस-टरबाइन का इस्तेमाल करके 55 प्रतिशत तक रासायनिक ऊर्जा को विद्युत-ऊर्जा में बदला जा सकता है। वैसे गैस-टरबाइन के साथ कई कठिनाइयां हैं, इसलिए इससे पैदा की गई बिजली कुछ मिलाकर सस्ती नहीं पड़ती। फिर भी कोयले की गैस तैयार करके बिजली के उत्पादन के लिए पांचवीं योजना के अंतर्गत कुछ गैस-टरबाइनों का उपयोग किया गया है।

जब ईंधनों की रासायनिक ऊर्जा अन्त में विद्युत ऊर्जा में बदल जाती है, तो बीच के यांत्रिक ऊर्जा के स्तर में काफी ऊर्जा व्यर्थ चली जाती है। अतः ऊर्जा-रूपांतरण की प्रक्रिया में से इस यांत्रिक स्तर को किसी तरह हटाना संभव हो जाए, तो निश्चय ही हमें बिजली के रूप में अधिक ऊर्जा प्राप्त होगी। ऐसा एक उपाय भी है। यह है एम.एच.डी. जेनरेटर। एम.एच.डी. जेनरेटर में कोई घूमने-फिरने वाला कल-पुर्जा नहीं होता। दूसरे शब्दों में, एम.एच.डी. जेनरेटर की

संयोजना में बीच के यांत्रिक ऊर्जा के स्तर के लिए कोई स्थान नहीं रहता, ताप-ऊर्जा सीधे विद्युत-ऊर्जा में रूपांतरित हो जाती है। इसलिए एम.एच.डी. जेनरेटर की सहायता से रासायनिक ईंधनों की करीब 55 प्रतिशत ऊर्जा विद्युत-ऊर्जा में बदली जा सकती है। आजकल के ताप-बिजलीघरों में कोयले या तेल की 30 या अधिक से अधिक 35 प्रतिशत रासायनिक ऊर्जा ही विद्युत-ऊर्जा में बदल पाती है। अतः एम.एच.डी. जेनरेटर का इस्तेमाल करने का अर्थ है – उन्हीं ईंधनों से कम-से-कम डेढ़ गुना अधिक बिजली।

एक ऐसा भी उपाय है जिसमें बीच के यांत्रिक ऊर्जा के स्तर के साथ-साथ ताप-ऊर्जा के स्तर को भी हटाया जा सकता है, यानी ईंधनों की रासायनिक ऊर्जा सीधे विद्युत-ऊर्जा में बदली जा सकती है। इसके लिए साधन है–ईंधन-सेल या फ्यूल-सेल। इन ईंधन-सेलों से 10 प्रतिशत तक रासायनिक ऊर्जा सीधे विद्युत-ऊर्जा में रूपांतरित हो सकती है! परंतु इन ईंधन-सेलों के निर्माण में बड़ा खर्च आता है, इसलिए आज केवल अंतरिक्ष-यानों में ही इनका सीमित उपयोग होता है।

एम.एच.डी. जेनरेटर के निर्माण में विशेष कठिनाइयां नहीं हैं। 1971 में मास्को में स्थापित किया गया एक एम.एच.डी. जेनरेटर 25.000 किलोवाट बिजली पैदा कर रहा है। भूतपूर्व सोवियत संघ में इस समय 125 मेगावाट के एक एम.एच.डी जेनरेटर का निर्माण किया गया है। अमेरिका, जापान, पश्चिम जर्मनी, फ्रांस तथा इंग्लैंड में भी एम.एच.डी. जेनरेटरों की योजनाएं तैयार की गई है। भारत में भी अब सोवियत रूस की सहायता से 25 मेगावाट शक्ति का एक एम.एच.डी प्लांट खड़ा करने

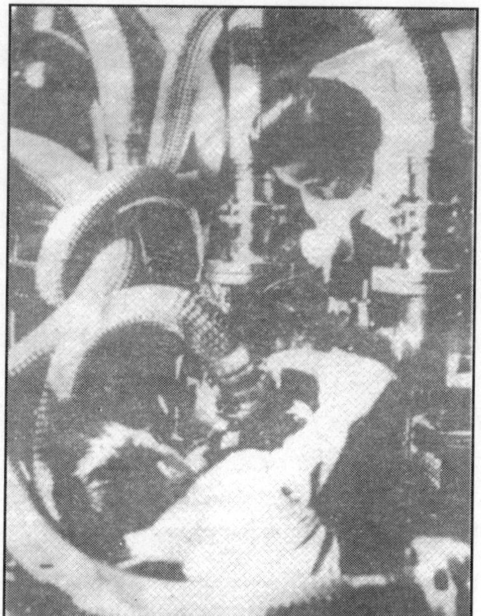

चित्र 9.1 : भूतपूर्व सोवियत संघ में निर्माणाधीन 125 मेगावाट शक्ति का एम.एच.डी. जेनरेटर

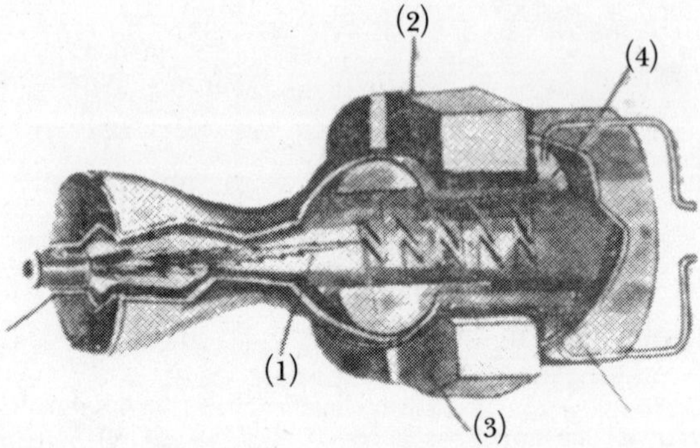

चित्र 9.2 : एम.एच.डी. जेनरेटर : (1) आयनीकृत गैस अथवा प्लाज्मा (2) तुंड (3) चुंबक तथा (4) इलेक्ट्रोन

की योजना बन गई है। अतः अधिक बिजली का उत्पादन करने वाली इस संयोजना के बारे में थोड़ी-बहुत जानकारी सभी को होनी चाहिए।

एम.एच.डी. जेनरेटर जैसा कि पहले बताया जा चुका है एम.एच.डी. का अर्थ है – मैग्नेटो-हाइड्रो-डाइनेमिक्स। हाइड्रो-डाइनेमिक्स को हम द्रव-गतिविज्ञान कहते हैं। जिस विज्ञान के अंतर्गत चुंबकीय क्षेत्रों में से दौड़ने वाले विशिष्ट द्रवों का अध्ययन होता है, उसे ही मैग्नेटो-हाइड्रो-डाइनेमिक्स कहते हैं। नाम भले ही कठिन मालूम होता हो, परंतु मैग्नेटो-हाइड्रो-डाइनेमिक्स जेनरेटर के सिद्धांत को समझने में विशेष कठिनाई नहीं होती। हम जानते हैं कि यदि चुंबकीय क्षेत्र में किसी कंडक्टर को घुमाया जाए, तो विद्युत-क्षेत्र का निर्माण होता है, जिसमें से विद्युत की धारा प्राप्त की जा सकती है। यदि कंडक्टर तांबे के लंबे तार का हो और इसे अर्मेचर पर लपेटा जाए तो यह एक डायनेमो बन जाता है। परंतु इस घूमने वाले तांबे के तार के स्थान पर आयनीकृत गैस हो और इस गैस को तीव्र वेग से चुंबकीय क्षेत्र में स्थापित इलेक्ट्रोडों में से गुजारा जाए, तो यह संयोजना मैग्नेटो-हाइड्रो-डाइनेमिक्स (एम.एच.डी.) जेनरेटर बन जाती है।

परमाणु के भीतर उसका एक नाभिक होता है और इस नाभिक के चारों ओर इलेक्ट्रोन चक्कर काटते रहते हैं। गैस को अधिक गर्म किए जाने पर उसके परमाणुओं के इलेक्ट्रोन नाभिक के बंधन से टूट कर अलग हो जाते हैं। इलेक्ट्रोन ऋणावेशी होते हैं और ऐसे परमाणु आयन (जिनके कुछ इलेक्ट्रोन टूट कर अलग हो गए हैं), धनावेशी होते हैं। जिस गर्म की गई गैस में धनावेशी आयन तथा ऋणावेशी इलेक्ट्रोनों की संख्या लगभग बराबर हो जाती है, उसे आयनीकृत गैस

कहते हैं। आयनीकृत गैस को प्लाज्मा भी कहते हैं।

प्लाज्मा द्रव्य की एक विशेष अवस्था है। सामान्यतः द्रव्य को हम तीन स्वरूपों में ही देखते हैं – ठोस, द्रव तथा गैस। आयनीकृत गैस अथवा प्लाज्मा द्रव्य की चौथी अवस्था है। वस्तुतः विश्व का अधिकांश द्रव्य इसी प्लाज्मा अवस्था में है। सूर्य तथा अन्य तार प्लाज्मा द्रव्य से ही बने हैं और यह प्लाज्मा अंतरिक्ष में भी मौजूद है। वस्तुतः इधर के कुछ वर्षों में प्लाज्मा का विशेष अध्ययन हो रहा है, और प्लाज्मा भौतिकी नामक एक स्वतंत्र विषय ही अस्तित्व में आ गया है। प्लाज्मा का उपयोग इलेक्ट्रिकल इंजीनियरिंग तथा अंतरिक्ष अनुसंधान में हो रहा है। तापनाभिकीय ऊर्जा के विकास में भी इसका बड़ा महत्व है।

यही हमें देखना है कि इस प्लाज्मा अथवा आयनीकृत गैस का बिजली के निर्माण के लिए एम.एच.डी. जेनरेटर में किस प्रकार उपयोग होता है। सबसे पहले कोयला, तेल या प्राकृतिक गैस को एक दहनकक्ष में ऊंचे तापमान पर तपाया जाता हैं फिर गर्म की गई इस गैस में सोडियम या पोटाशियम मिलाने से यह आयनीकृत गैस या प्लाज्मा में बदल जाता है। इस समय प्लाज्मा गैस का तापमान करीब 2000 डिग्री सेंटीग्रेड होता है। फिर इस प्लाज्मा गैस को अत्यंत तीव्र वेग से एक तुंड में से गुजार कर एम.एच.डी. जेनरेटर के चुंबकों के बीच में दौड़ाया जाता है। यह प्लाज्मा गैस जब चुंबकीय क्षेत्र से दौड़ती है, तो विद्युत-क्षेत्र का निर्माण करती है और इस प्रकार इलेक्ट्रोडों में विद्युत-धारा को जन्म देती है।

हम बता चुके हैं कि मास्को में स्थापित एक एम.एच.डी. जेनरेटर 1971 से बिजली पैदा कर रहा है। इस जेनरेटर की क्षमता 25 मेगावाट की है, इसलिए इसे यू-25 का नाम दिया गया है। सोवियत सहयोग से हमारे देश में भी 25 मेगावाट की क्षमता का एक एम.एच.डी. जेनरेटर स्थापित किया जाएगा, इस लिए यू-25 प्लांट किस प्रकार कार्य करता है, यह जानना उपयोगी होगा।

यू-25 जेनरेटर का मूल ईंधन है–प्राकृतिक गैस। यह गैस एक ऐसे दहन-कक्ष में तपाई जाती है, जिसमें 1200 डिग्री सेंटीग्रेड तापमान वाली अधिक ऑक्सीजन वाली हवा पहुंचाई जाती है। इस गैस को आयनीकरण के आवश्यक स्तर पर पहुंचाने के लिए इसके साथ पोटाशियम कार्बोनेट मिलाया जाता है। फिर दहन-कक्ष में तैयार हुई इस आयनीकृत गैस यानी प्लाज्मा को एक तुंड में से गुजार कर 850 मीटर प्रति सेकंड का वेग प्रदान किया जाता है, फिर इसे एम.एच.डी. जेनरेटर में पहुंचाया जाता है। यह एम.एच.डी. जेनरेटर शक्तिशाली इलेक्ट्रो-मैग्नेट से घिरा हुआ एक आयताकार कक्ष है, जिसमें स्थापित किए गए इलेक्ट्रोड करेंट ग्रहण करते हैं। इस प्रकार यह जेनरेटर 25 मेगावाट बिजली पैदा करता है।

इस एम.एच.डी. जेनरेटर से जो गैस बाहर आती है, वह काफी गर्म होती है। इसलिए इस गैस से पानी की भाप बनाई जाती है और फिर इस भाप से टरबाइन-जेनरेटर चला कर सामान्य तरीके से अतिरिक्त 50 मेगावाट बिजली पैदा की जाती है। इस प्रकार, इस यू-25 प्लांट से कुछ मिला कर 75 मेगावाट बिजली तैयार की जाती है। बाहर आई हुई गैसों से पहले मिलाए हुए पोटाशियम कार्बोनेट को अलग करने की भी व्यवस्था है। इस प्रकार इस पूरे प्लांट में ऐसा कुछ भी नहीं है जिससे वायुमंडल दूषित हो। यह भी हिसाब लगाया गया है कि एम.एच.डी. जेनरेटर से तैयार की गई बिजली, विशेष रूप से एम.एच.डी. प्लांट यदि 500 मेगावाट से अधिक क्षमता का हो तो, परमाणु बिजली या भाप से बनाई गई बिजली से अधिक महंगी नहीं पड़ती।

एम.एच.डी. जेनरेटर की कई योजनाएं प्रस्तुत की गई हैं। एक योजना में परमाणु-ऊर्जा का इस्तेमाल करके एम.एच.डी. जेनरेटर से बिजली तैयार की जा सकती है। एम.एच.डी. अथवा इलेक्ट्रो-मैग्नेटिक राकेट भी तैयार किए जा रहे हैं। 1961 में मंगल ग्रह की ओर भेजे गए भूतपूर्व सोवियत रूस अंतरिक्ष यान जोंद-2 में ऐसे छह छोटे इलेक्ट्रिक राकेट स्थापित किए गए थे।

भारत के लिए इन एम.एच.डी. जेनरेटरों का बड़ा महत्व है। हमारे देश में पर्याप्त कोयला मौजूद है। इस कोयले का हम तेल बना सकते हैं, गैस बना सकते हैं और इसका एम.एच.डी. जेनरेटरों से बिजली बनाने के लिए भी इस्तेमाल कर सकते हैं। एम.एच.डी. एक नई टेक्नोलॉजी है। दिनोदिन प्लाज्मा भौतिकी तथा एम.एच.डी. टेक्नोलॉजी अधिकाधिक महत्व के विषय बनते जाएंगे। आशा है भारतीय वैज्ञानिक इन क्षेत्रों में पीछे नहीं रहेंगे।

अध्याय-10

जैविक-ऊर्जा (कचरे से ऊर्जा)

शहरों में जनसंख्या की वृद्धि बड़ी तेजी से हो रही है। जनसंख्या वृद्धि से अनेक समस्याएं उत्पन्न हो रही हैं। इनमें सबसे प्रमुख समस्या है कचरे की, वह भी ठोस कचरे की। कोलकाता, मुम्बई और दिल्ली जैसे शहरों में हर दिन सैकड़ों टन कचरा निकलता है। नगर-निगम के अनुसार कचरे की मात्रा 2.5 प्रतिशत प्रति व्यक्ति प्रति वर्ष की दर से वृद्धि हो रही है। हमारे पास कचरे को ठिकाने लगाने के लिए पर्याप्त साधन नहीं। इस प्रकार शहर के पास कूड़े-कचरे के बड़े-बड़े ढेर लग जाएंगे।

द्रव और गैसीय पदार्थों की अपेक्षा ठोस कचरे को ठिकाने लगाना बड़ा कठिन कार्य है। द्रव पदार्थ को नालियों में बहाया जा सकता है और हानिकारक गैसों को उड़ाया जा सकता है। लेकिन ठोस व्यर्थ पदार्थ वैसे ही उसी स्थान पर पड़ा रहेगा। जब-तक उसे नगर-निगम वाले उठाकर न ले जाएं।

ठोस कचरे को खत्म करने का एक उपाय कूड़े को जला दिया जाता है लेकिन इससे धुआं तथा दुर्गंध आस-पास के वातावरण में फैल जाती है और वातावरण दूषित हो जाता है। कई बार कचरा गड्ढों और नीचे स्थानों को भरने के काम में लाया जाता है पर इस तरह कचरा वहीं सड़ता रहता है और वातावरण को अशुद्ध करता है।

कचरे को ठिकाने लगाने की समस्या सिर्फ विकासशील देशों

चित्र 10.1 : चंगानस्सेरी के नागरिक अपने घरों का जैविक कचरा लेकर अपने पड़ोसी मैथ्यूज मक्डेन (बाएं) के घर में लगे बायो गैस प्लांट में डालने के लिए ले जाते हैं।

की नहीं बल्कि विकसित देशों की भी है। विकसित देशों में कचरे को ठिकाने लगा कर ऊर्जा पैदा की जाती है। ठोस कचरे को इंसीनरेटरों में जलाया जाता है। इससे जो ऊष्मा पैदा होती है उसे अन्य प्रकार की ऊर्जा में परिवर्तित कर लिया जाता है। भारत में यह उपाय कारगर नहीं हो सकता क्योंकि हमारे कचरे में कागज की मात्रा कम होती है।

कचरे से ईंधन गैसों का उत्पादन होता है। शहरी कचरे में कार्बनिक पदार्थों की मात्रा काफी होती है इसलिए उसे ईंधन गैसों में बदलना आर्थिक और तकनीकी विधि से सुविधाजनक होता है।

कचरे को ईंधन गैसों में बदलने की तीन विधियां उचित पाई गई हैं।

1. ऊष्मा विघटन (पायरोलिसिस)
2. हाइड्रोगैसीकरण
3. वायुरहित संसाधन (एनरोबिक डाइजेशन)

ऊष्मा विघटन : इस विधि में कचरे में मौजूद कार्बनिक पदार्थों को वायु की अनुपस्थिति में 550^0-600^0 सें. ताप पर गर्म किया जाता है। इससे कचरे के अनुसार टार, चारे, हल्के तेल, कार्बनिक एसिड, एल्कोहल तथा ईंधन गैसें प्राप्त होती हैं।

यह सब आर्थिक दृष्टि से अत्यंत लाभदायक हैं। इस विधि में कचरे में मौजूद प्लास्टिक, रबड़ जैसे पदार्थों को भी आसानी से ठिकाने लगाया जा सकता है।

संयुक्त राज्य अमेरिका में आजकल अनेक कंपनियों इस विधि से कार्बनिक व्यर्थ पदार्थों से ईंधन जैसा बना रही हैं। ऊष्मा विघटन विधि में चारे का ईंधन कोयले के तुल्य होता है और उसे ईंधन में उपयोग किया जाता है।

हाइड्रोगैसीकरण : इस विधि में कचरे को उच्च ताप और दाब पर हाइड्रोजन गैस से उपचारित किया जाता है। इससे मीथेन गैस, जो अत्यधिक ज्वलनशील होती है प्राप्त होती है।

ऊष्मा विघटन और हाइड्रोगैसीकरण विधि में केवल सूखे पत्ते और कम नमी वाले कचरे का उपयोग किया जाता है।

वायुरहित संसाधन : गीले कचरे का उपयोग करने के लिए वायुरहित संसाधन विधि उचित है। कूड़ों में बचे ठोस पदार्थों को खाद के रूप में प्रयुक्त किया जाता है। यह विधि अन्य विधियों की तुलना में धीमी है।

इस विधि में एक घर या पूरे शहर के कचरे को ठिकाने लगाया जा सकता है। यह विधि गोबर गैस बनाने की विधि के समान ही है। फर्क सिर्फ इतना है कि इसमें गोबर के स्थान पर बारीक कटे हुए कचरे को बंद कूड़ों में मीथेन उत्पन्न करने वाले बैक्टीरिया की उपस्थिति में सड़ाया जाता है। बैक्टीरिया कचरे में उपस्थित जटिल कार्बनिक पदार्थों को मीथेन और कार्बन ऑक्साइड में बदल देते हैं। दोनों गैसों के मिश्रण का ईंधन मान बहुत उच्च होता है।

बाद में कूड़ों में बचा ठोस पदार्थ बास-रहित पदार्थ होता है। उसे खाद के रूप में इस्तेमाल किया जाता है। सड़क के गड्ढों को भरने में भी काम में लाया जाता है।

अध्याय-11

ज्वार-भाटा-ऊर्जा

पृथ्वी के लगभग 71 प्रतिशत भाग में जल है, जो नदियों और सागरों में होता है।

प्राचीन काल से ही मनुष्य सागर के तट पर निवास करता आ रहा है। वह उसी समय से सागर की लहरों को भीषण गर्जना के साथ बहुत ऊंचे उठते-गिरते देखता रहता है। उसे अनुभव है कि ज्वार के समय समुद्र के काफी अंदर से पानी ऊपर आता है। सागर की लहरों में अनंत शक्ति होती है। ज्वार के समय बड़ी-बड़ी चट्टानों को तोड़-फोड़ देता है। उठते हुए पानी को क्या कोई रोक नहीं सकता है? समुद्र पर उठने वाली लहरों से भी ऊर्जा प्राप्त की जा सकती है।

आज वैज्ञानिक सागर के पानी के उतार-चढ़ाव में निहित ऊर्जा का उपयोग करने में लगे हैं। अर्थात् ज्वार-भाटा की स्थितिज और गतिज ऊर्जा को विद्युत ऊर्जा में बदलने का प्रयास कर रहे हैं। हमें ज्वार-भाटे की ऊर्जा किस प्रकार बिजली के रूप में प्राप्त होती है।

समुद्र पर उठने वाली लहरों से भी ऊर्जा पैदा होती है। फ्रांस में और सोवियत रूस में ज्वार-भाटे की ऊर्जा से बिजली पैदा करने वाले स्टेशन बने हैं।

पृथ्वी पर अन्य खगोलीय पिंडों की अपेक्षा सूर्य और चंद्रमा के गुरुत्वाकर्षण का अधिक प्रभाव पड़ता है। सूर्य और चंद्रमा के

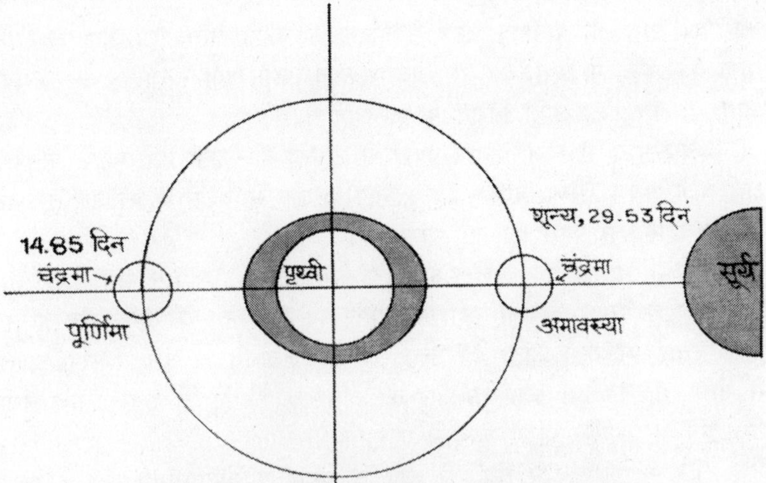

चित्र 11.1 : समुद्र में सबसे ऊंचे ज्वार पूर्णिमा अथवा अमावस्या को आते हैं

गुरुत्वाकर्षण के कारण समुद्र का पानी ऊपर उठता है तब ज्वार-भाटे उत्पन्न होते हैं।

चंद्रमा और सूर्य के सम्मिलित प्रभावों के फलस्वरूप ही पूर्णिमा और अमावस्या के दिन अन्य दिनों की अपेक्षा अधिक ऊंचा हो जाता है। लेकिन शुक्ल और कृष्ण पक्षों में सप्तमी-अष्टमी के दिन सबसे कम होता है। इसका कारण पूर्णिमा और अमावस्या को सूर्य और चंद्रमा लगभग एक ही रेखा में आ जाते हैं और गुरुत्वाकर्षण बल एक ही दिशा में कार्य करते हैं।

आरंभ में ज्वार-भाटे से बिजली बनाने के लिए उसमें निहित ऊर्जा का रूपांतरण किया जाता है। फिर समुद्र तटों पर ज्वार-बिजलीघर बनाए जाते हैं। यह ब्रिटेन, फ्रांस और स्पेन आदि देशों में हैं।

अब ज्वार-भाटा की स्थितिज ऊर्जा को भी विद्युत में रूपांतरित किया जा रहा है। इस प्रकार के रूपांतरण हेतु टरबाइनों का उपयोग किया जाता है। इससे ज्वार के पानी की स्थितिज ऊर्जा विद्युत में बदल जाती है।

विद्युत उत्पन्न करने के लिए पहले ज्वार-भाटे के प्रवाह को किसी खाड़ी अथवा बड़े जलाशय में भर लिया जाता है। फिर खाड़ी के द्वार पर एक अवरोधक लगा दिया जाता है। यह अवरोधक एक प्रकार से बांध का काम करता है और ज्वार का पानी ही इस पर से बह कर समुद्र में जा सकता है। ज्वार के पानी

का स्तर समुद्र के पानी के स्तर से काफी ऊंचा हो जाता है। अब ज्वार के पानी को समुद्र में गिराकर उससे अवरोधक के पास लगी टरबाइनों को चलाया जाता है और फिर ऊर्जा विद्युत में बदल जाती है।

ज्वार-भाटा से बिजली तीन प्रकार से उत्पन्न की जाती है। एक – संग्रहण क्षेत्र वाले संयंत्र (सिंगलबेसिन पावर प्लांट) : इस संयंत्र से केवल उतरते-ज्वार के समय बिजली प्राप्त की जा सकती है।

दो – संग्रहण क्षेत्र वाले संयंत्र (डबलबेसिन प्लांट) : इस संयंत्र से ज्वार के चढ़ाव के समय बिजली पैदा की जाती है। एक क्षेत्र को दूसरे की अपेक्षा कुछ ऊंचाई पर रखा जाता है। उच्च क्षेत्र का जल निचले तल से समुद्री जल से नीचे लेकिन दोनों क्षेत्रों के जल का अंतर काफी हो तो उनके साथ लगी टरबाइनों से ऊर्जा उत्पादन शुरू हो जाता है।

तीन – पंप भंडारन संयंत्र से ज्वार के चढ़ाव के दोनों समय बिजली बनाई जा सकती है। इसका उपयोग सबसे पहले फ्रांस में रान्स नामक स्थान पर किया गया है। इसमें ऊर्जा उत्पादन की दक्षता लगभग 34 प्रतिशत होती है।

पंप भंडारन क्षेत्रों से जल निकालने या समुद्र संग्रहण क्षेत्रों में जल भरने

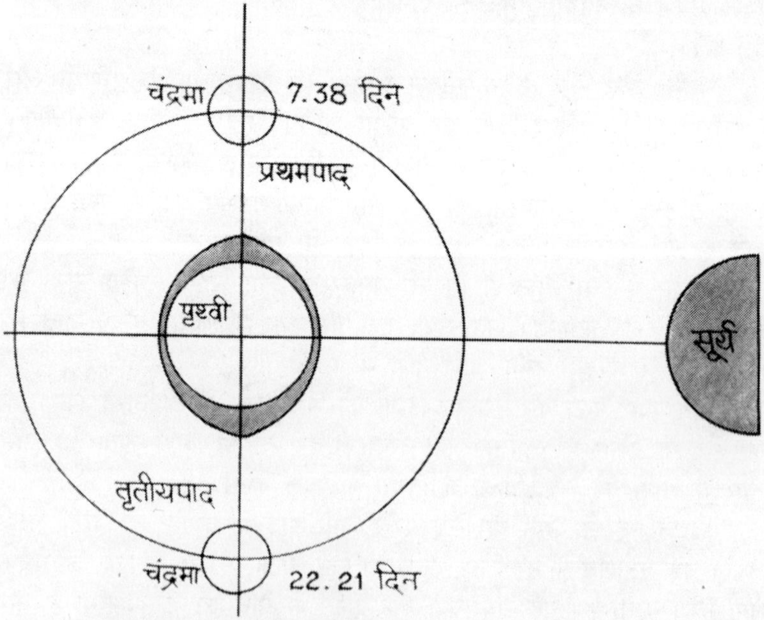

चित्र 11.2 : ज्वार का सबसे कम चढ़ाव सप्तमी/अष्टमी को होता है।

का काम पंप से किया जाता है। इससे जल का तल समुद्री जल से कम या ज्यादा किया जा सकता है और ऊर्जा का उत्पादन टरबाइन की सहायता से किया जाता है। अतः टरबाइनें पंप की तरह काम करती हैं।

ज्वार-भाटा से उत्पन्न की हुई ऊर्जा अधिक मात्रा में और लगातार मिल सकती है। यह सस्ती भी पड़ती है। ज्वार-भाटा से ऊर्जा उत्पादन में प्रदूषण की समस्या नहीं होती। उत्पादन की क्षमता को बढ़ाया जा सकता है। क्योंकि यंत्रों का आकार बड़ा नहीं होता और बहुत कम यंत्रों से उत्पादन हो जाता है। ज्वार-भाटा से उत्पन्न ऊर्जा किसी निकटवर्ती क्षेत्र को ही प्रदान की जा सकती है।

ज्वार-भाटे से ऊर्जा उत्पादन के क्षेत्र, फ्रांस, ब्रिटेन, चीन, अमेरिका, आस्ट्रेलिया, कनाडा, रूस और जापान में काफी काम हुआ है। हमारे देश में नवलखी, कच्छ, भावनगर, खम्भात की खाड़ी और कलकत्ता में ज्वार-भाटे से बिजली उत्पन्न की जा रही है।

भारत में लगभग 3 हजार 6 सौ 30 मील लम्बा समुद्र तट है। कई जगहों पर ज्वार और भाटे की लहरों में इतना फर्क है कि उसकी शक्ति का बिजली पैदा करने के लिए उपयोग किया जा सकता है।

ऊर्जा जन-जागृति अभियान

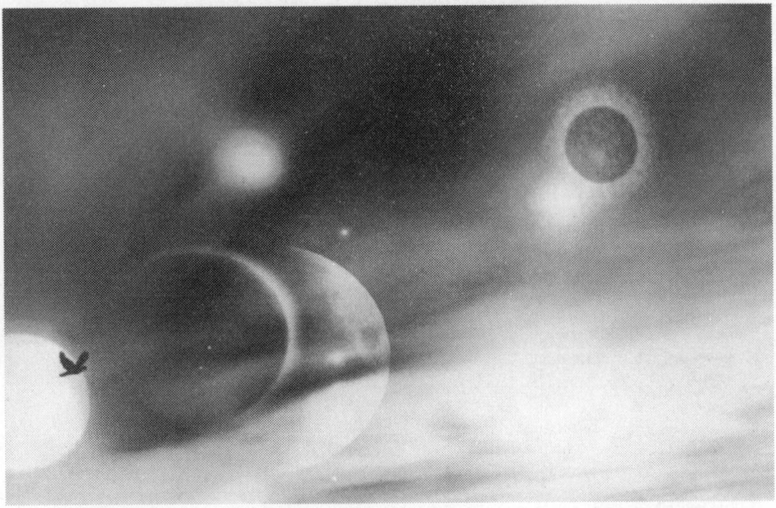

परिशिष्ट

1. खाली आकाश है ऊर्जा का भंडार
2. भारी पानी का खेल
3. भारत का प्रमुख परमाणु ईंधन
4. परमाणु-विस्फोट-गाथा एलमोगोर्दो से पोखरण तक
5. प्लूटोनियम की राजनीति
6. फास्ट ब्रीडर रिएक्टर
7. परमाणु विस्फोट (क्या और क्यों?)
8. परमाणु-ऊर्जा – फायदे और खतरे
9. परमाणु कचरे को दफनाने की समस्या
10. पारिभाषिक शब्दावली

परिशिष्ट-1

खाली आकाश है ऊर्जा का भंडार

हमारे यहां वैज्ञानिक अनुसंधान की स्थिति बड़ी विचित्र है। अक्सर आविष्कार तो होता है भारत में, लेकिन उसे पहली मान्यता मिलती है विदेश में। परमाणु-ऊर्जा ऊर्जा विभाग के एक वैज्ञानिक डॉ. परमहंस तिवारी द्वारा बनाई गई एक अद्भुत मशीन के बारे में भी ऐसा ही हुआ है।

मुंबई में बनी इस मशीन को विमान से पश्चिम जर्मनी ले जाया गया। वहां हान्नोवर में हुए एक अंतरराष्ट्रीय सम्मेलन में 1500 वैज्ञानिकों, इंजीनियरों और बैंक अधिकारियों के सामने इस मशीन का प्रदर्शन हुआ। डॉ. तिवारी को इस 'मानव-कल्याणकारी और भारत का गौरव बढ़ाने वाली' मशीन के आविष्कार के लिए पच्चीस हजार का प्रथम पुरस्कार मिला।

समाचारों में इस मशीन को ऊर्जा के उत्पादन का एक क्रांतिकारी साधन बताया गया है। यह मशीन खुले आकाश या दिक् (स्पेस) से ऊर्जा का दोहन करके बिजली पैदा करती है। यानी ऊर्जा पैदा करने के लिए कोयला, तेल, गैस या यूरेनियम जैसे किसी ईंधन की कोई जरूरत नहीं। है न चमत्कार? किसी योगी या बाबा ने शून्य आकाश से भस्म या घड़ियां पैदा करके अपने भक्तों को भले ही चमत्कृत कर दिया हो, पर रिक्त आकाश से ऊर्जा पैदा करके दिखाना अब तक किसी भी महात्मा के लिए संभव नहीं हुआ है।

चित्र : परि.-1.1 : सौर-ऊर्जा

खुले आकाश से ऊर्जा का दोहन करने वाली डॉ. तिवारी की मशीन काफी सरल है। इसमें केवल एक चुंबकित चालक (मैग्नेटाइज्ड कंडक्टिंग) सिलिंडर का इस्तेमाल हुआ है। बिजली की एक मोटर के जरिए यह सिलिंडर तेजी से घूमता है और रिक्त आकाश से ऊर्जा खींचकर बिजली पैदा करता है। डॉ. तिवारी के अनुसार यह मशीन, जिसे वे दिक्-ऊर्जा-जनित्र (द स्पेस पावर जेनरेटर) कहते हैं, मोटर को चलाने में खर्च होने वाली ऊर्जा से करीब तीन गुना अधिक ऊर्जा पैदा करती है। दूसरे शब्दों में, मशीन को चलाने के लिए जितनी ऊर्जा की खपत होती है, उससे तीन गुना अधिक ऊर्जा पैदा होती है। यह अतिरिक्त ऊर्जा खुले आकाश या रिक्त दिक् से मिलती है।

रिक्त आकाश या दिक् के बारे में जनसाधारण की, और वैज्ञानिकों की

भी, तरह-तरह की मान्यताएं हैं। रिक्त आकाश के बारे में बहुतों की यही धारणा है कि इसमें कुछ नहीं होता, यह द्रव्य-रहित होता है, 'शून्य' होता है।

आज सचमुच ऐसा है तो शून्य दिक् से ऊर्जा का दोहन एक महान करिश्मा कहलाएगा। साथ ही, भौतिक विज्ञान का यह चिरस्थापित नियम भी टूट जाएगा कि **किसी भी व्यवस्था में जितनी ऊर्जा खपाई जाती है, उससे अधिक ऊर्जा पैदा करना संभव नहीं है।** कोयला, तेल या गैस जैसी चीजों में या यूरेनियम के परमाणुओं में पहले से ही ऊर्जा मौजूद रहती है। इन चीजों से बिजली या दूसरे किसी रूप में जो ऊर्जा प्राप्त की जाती है वह इनमें मौजूद मूल ऊर्जा से अधिक नहीं होती।

भौतिकी का यह एक बुनियादी सिद्धांत है कि ऊर्जा अविनाशी है। न तो शून्य से ऊर्जा का सृजन हो सकता है, न ही शून्य में इसका लोप हो जाता है। हां, ऊर्जा का रूपांतरण हो सकता है। ऊर्जा को ताप, बिजली, यांत्रिक आदि विविध रूपों में बदला जा सकता है। पर जहां कुछ भी न हो, वहां से ऊर्जा पाना संभव नहीं है।

तब खाली आकाश से एक मशीन के जरिए अतिरिक्त ऊर्जा की अविनाशिता का चिरस्थापित नियम अब टूट गया है?

सही तौर पर सोचें तो ऐसा ही लगता है। लेकिन द्रव्य या ऊर्जा की तरह दिक् की लीलाएं भी बड़ी विचित्र हैं। एक जमाना था जब बड़े-बड़े दार्शनिक और वैज्ञानिक भी दिक् की परम् या स्वतंत्र सत्ता के समर्थक थे, द्रव्य-रहित दिक् के पृथक अस्तित्व को स्वीकार करते थे।

लेकिन आज हम जानते हैं कि द्रव्य या ऊर्जा रहित दिक् का कहीं कोई अस्तित्व नहीं है। आइंस्टाइन के सापेक्षवाद ने सिद्ध कर दिया कि जहां द्रव्य है वहां दिक् है और जहां दिक् है वहां द्रव्य मौजूद रहता है, वह किसी भी रूप में क्यों न हो। आधुनिक विज्ञान की दृष्टि से द्रव्य रहित दिक् या खाली अंतरिक्ष महज़ एक कल्पना है।

हम अक्सर ही रिक्त स्थान या निर्वात (वैक्यूम) की चर्चा करते हैं। लेकिन द्रव्य दूसरा निर्वात स्थान एक वास्तविकता नहीं है। प्रयोगशालाओं के संदर्भ में हम जिस निर्वात की चर्चा करते हैं वह पूरी तरह द्रव्य-रहित नहीं होता। निर्वात की उससे भी बेहतर स्थिति पृथ्वी और सूर्य के बीच के या तारों के बीच के अंतरिक्ष में होती है। लेकिन अंतरिक्ष भी द्रव्य-रहित नहीं होता। अंतरिक्ष में, अल्प मात्रा में ही सही, किसी न किसी रूप में द्रव्य या ऊर्जा सर्वत्र विद्यमान है। यह द्रव्य अत्यंत विरल अवस्था में परमाणु-कणिकाओं के रूप में हो सकता है,

विकिरणों के रूप में भी हो सकता है।

यानी डॉ. परमहंस तिवारी ने जिस मशीन का विकास किया है उसके संदर्भ में पहली बात यह स्पष्ट होनी चाहिए कि इस समूचे ब्रह्मांड में खाली या शून्य आकाश जैसी कोई चीज नहीं है।

अब हमें देखना है कि दिक् या आकाश में किस तरह की अदृश्य ऊर्जा मौजूद हो सकती है। कोयले या तेल में सूर्य की तापीय ऊर्जा संचित रहती है। परमाणु के नाभिक के भीतर इसके बंधन की ऊर्जा संचित रहती है। इसी तरह आकाश या अंतरिक्ष में भी द्रव्य की विशिष्ट स्थितियों की और इनसे संबंधित क्षेत्र (फील्ड्स) की ऊर्जा मौजूद रहती है।

हर किस्म के द्रव्य का दिक् के कमोबेश विस्तार में अपना एक प्रभाव क्षेत्र होता है। जैसे, सूर्य-जैसे बड़े पिंडों का गुरुत्वीय क्षेत्र दूर-दूर तक फैला रहता है। परमाणु के भीतर के नाभिक का भी अपना एक प्रभाव-क्षेत्र होता है। चुंबकीय क्षेत्र से हम परिचित हैं ही। यह विद्युत चुंबकीय क्षेत्र बिजली के उत्पादन में महत्वपूर्ण भूमिका अदा करता है। इस तरह जिसे हम दिक् या आकाश कहते हैं वह रिक्त नहीं है, बल्कि द्रव्य और इसके क्षेत्रों से व्याप्त है। दरअसल, आधुनिक भौतिकी में दिक् की पहचान यानी इसके गुणधर्मों का निर्धारण इसमें विद्यमान द्रव्य और उसके क्षेत्र से ही होता है।

पिछले कुछ दशकों में क्वांटम भौतिकी की सहायता से दिक् या निर्वात (वैक्यूम) के कुछ नए गुणधर्म खोजे गए हैं। निर्वात में भी विद्युत चुंबकीय क्षेत्र मौजूद रहता है। यह भी पता चला है कि इस क्षेत्र में निरंतर हलचल मची रहती है। इसमें अनियमित ढंग से उतार-चढ़ाव होते रहते हैं। क्षेत्र के इस उतार-चढ़ाव या भंवर में फंसकर इलेक्ट्रोन कभी ज्यादा ऊर्जा प्राप्त करते हैं, कभी कम। इलेक्ट्रोनों की इस अतिरिक्त ऊर्जा का बिजली के रूप में दोहन करना संभव है।

यही है आकाश से ऊर्जा प्राप्त करने का रहस्य। जिस आकाश को आम तौर पर हम खाली मानते हैं वह परमाणु-कणों, क्षेत्रों और विकिरणों से व्याप्त है। दिक् में व्याप्त विद्युत-चुंबकीय क्षेत्र इलेक्ट्रानों के माध्यम से ऊर्जा पैदा करने में समर्थ है। चूंकि यह ऊर्जा दिक् में पैदा होने वाले क्षेत्र के उतार-चढ़ाव या भंवरों के कारण पैदा होती है, इसलिए डॉ. तिवारी ने अपने सिद्धांत को दिक्-भंवर सिद्धांत (स्पेस वोर्टेक्स थ्योरी) का नाम दिया है। यह समूचा विषय क्वांटम इलेक्ट्रोन-गतिकी के दायरे का है।

लेकिन डॉ. तिवारी दुनिया में अकेले वैज्ञानिक नहीं हैं, जिन्होंने आकाश

में विद्यमान ऊर्जा के बारे में एक सिद्धांत प्रस्तुत किया है और इस ऊर्जा के दोहन के लिए एक मशीन का विकास किया है। कम से कम एक और भारतीय वैज्ञानिक हैं जो 1951 से इस क्षेत्र में काम कर रहे हैं। ये हैं नई दिल्ली के विजय प्रकाश लाल। उन्होंने आकाश के ऊर्जामय होने के बारे में अपने सिद्धांत पहले 1973 और फिर रांची में आयोजित विज्ञान कांग्रेस के अवसर पर 1984 में प्रस्तुत किए थे। 1973 में उन्होंने कई पत्र-पत्रिकाओं में अपने सिद्धांत की संक्षिप्त चर्चा की थी।

मई में डॉ. परमहंस तिवारी ने मुंबई में अपनी मशीन का प्रदर्शन किया था। उस समय भी विजय प्रकाश लाल ने अपने स्वतंत्र अनुसंधानों की जानकारी दी थी।

अमेरिका में भी इस दिशा में काफी खोजबीन हो रही है। मैसेच्यूसेट्स इंस्टीट्यूट ऑफ टेक्नोलॉजी के एक अमरीकी वैज्ञानिक ब्रूस डे पामे ने भी दिक् से विद्युत-ऊर्जा का दोहन करने वाली एक मशीन का निर्माण किया है। केलिफोर्निया के दो भौतिकविद एडम ट्रांब्ली और काहन ने जो मशीन बनाई है वह करीब चार गुना अतिरिक्त ऊर्जा पैदा कर सकती है।

ये सारे प्रायोगिक स्तर के प्रयास हैं। आकाश की ऊर्जा के व्यावसायिक दोहन में अभी अनेक कठिनाइयां हैं। सबसे बड़ी कठिनाई यह बताई जाती है कि इस व्यवस्था से पांच मेगावाट से अधिक की इकाइयां स्थापित कर पाना शायद संभव नहीं होगा, क्योंकि मशीन के सिलिंडर के घूर्णन (रोटेशन) की अपनी एक सीमा है।

लेकिन इसकी संभावनाएं बड़ी व्यापक हैं। कोयला, खनिज तेल, यहां तक कि यूरेनियम और थोरियम भी ऊर्जा की हमारी दीर्घकालीन आवश्यकताओं की पूर्ति नहीं कर सकते। इनके भंडार सीमित हैं। इसलिए हमें ऊर्जा के स्थायी साधनों की खोज और उनका विकास करना ही होगा। अंतरिक्ष से प्राप्त होने वाली ऊर्जा भविष्य की अंतरिक्ष-यात्राओं में भी बड़ी उपयोगी सिद्ध हो सकती है।

डॉ. तिवारी परमाणु-ऊर्जा विभाग से जुड़े हुए हैं। लेकिन उन्होंने अपनी मशीन का निर्माण अपने ही बल-बूते पर किया है। मजे की बात यह है कि मुंबई में परमाणु-ऊर्जा विभाग के अध्यक्ष रहे डॉ. एम.आर. श्रीनिवासन के सामने भी, वे अपनी मशीन का प्रदर्शन कर चुके हैं।

लेकिन हमारे परमाणु-ऊर्जा विभाग ने इस मशीन के विकास पर कोई ध्यान नहीं दिया। इस भारतीय आविष्कार का गौरव देश में नहीं, पश्चिम जर्मनी में हुआ। ऐसा क्यों हुआ?

मुख्य कारण है हमारे देश में परमाणु-ऊर्जा को सर्वाधिक महत्व दिया जाना। परमाणु-ऊर्जा विभाग की छत्रछाया में ऊर्जा के किसी अन्य स्रोत का पनपना सहज संभव नहीं, इसीलिए सौर-ऊर्जा ऊर्जा के साधनों का भी हम तेजी से विकास नहीं कर पाए हैं। परमाणु-ऊर्जा विभाग के भूतपूर्व अध्यक्ष डे राजा रामन्ना की किसी बाबा द्वारा आसमान से भस्म या घड़ियां पैदा करने में तो शायद आस्था रही है, पर अंतरिक्ष से ऊर्जा का उपयोग दोहन संभव है, इसमें उनकी आस्था नहीं।

लेकिन आकाश रिक्त नहीं है। यह ऊर्जा का भंडार है। इस ऊर्जा के दोहन के लिए प्रायोगिक स्तर की मशीनें भी बन रही हैं। इस क्षेत्र में काम करने वाले भारतीय वैज्ञानिकों को प्रोत्साहन और भरपूर सहयोग मिलना ही चाहिए।

परिशिष्ट-2

भारी पानी का खेल

घटना 1940 की है। हिटलर की सेना पेरिस की ओर तेजी से आगे बढ़ रही थी। बहुत से लोग दक्षिण फ्रांस में शरण ले रहे थे। पेरिस से महत्व की चीजें हटाई जा रही थीं। मगर मैडम क्यूरी के दामाद मशहूर वैज्ञानिक **फ्रेडरिक झॉल्यो-क्यूरी** (1900-1958) ने अपनी प्रयोगशाला नहीं छोड़ी। वे नहीं चाहते थे कि उनकी प्रयोगशाला की एक चीज हिटलर के हाथ में चली जाए।

वह चीज थी भारी पानी–एक विशेष किस्म का पानी। झॉल्यो-क्यूरी जानते थे कि प्रयोगशाला में जमा किया गया चंद गैलन वह पानी अगर जर्मन सेना के हाथ में लग जाता है तो फिर हिटलर के वैज्ञानिकों को एटम-बम बनाने का एक महत्वपूर्ण साधन मिल जाएगा। उन्होंने उस पानी को इंग्लैंड पहुंचाने की एक गुप्त योजना बनाई।

झॉल्यो-क्यूरी के दो सहायकों ने भारी जोखिम उठाकर रात के अंधेरे में नाव से इंग्लिश चैनल पार करके उस पानी को सुरक्षित इंग्लैंड पहुंचा दिया।

इस घटना के एक साल पहले ही अमेरिका और इंग्लैंड के वैज्ञानिकों ने फैसला कर लिया था कि वे परमाणु-ऊर्जा ऊर्जा से संबंधित अनुसंधान को गोपनीय रखेंगे। मगर झॉल्यो-क्यूरी को वह फैसला मंजूर नहीं था। उन्होंने अपनी गवेषणाएं प्रकाशित कर दी थीं। इतना ही नहीं उन्होंने 1939 में ही परमाणु-ऊर्जा को बिजली

में बदलने वाला जोए (जीवन) नामक एक नन्हा रिएक्टर भी बना लिया था और उसका पेटेंट भी ले लिया था। लेकिन घटना-चक्र ऐसा चला कि हममें परमाणु की विध्वंसक ऊर्जा पहले प्राप्त हुई। विशेष किस्म के उस चंद गैलन पानी को इंग्लैंड पहुंचा देने के बाद झॉल्यो-क्यूरी नाजियों से अपने देश को आजाद करने के लिए कम्युनिस्टों के भूमिगत आंदोलन में शामिल हो गए।

विशेष किस्म का जो पानी झॉल्यो-क्यूरी ने इंग्लैंड भेजा था, वह नार्वे की एक फैक्टरी में तैयार हुआ था। बाद में इस फैक्टरी पर भी हिटलर का कब्जा हो गया तो इंग्लैंड और अमेरिका को बड़ी चिंता हुई। इसलिए इंग्लैंड के एक खुफिया सैनिक-दस्ते ने नार्वे की उस फैक्टरी को नष्ट कर दिया।

नार्वे नदी की उस फैक्टरी में विशेष किस्म का जो पानी तैयार किया जाता था वह भारी पानी था। उस समय भारी पानी तैयार करने वाली दुनिया में वही एकमात्र फैक्टरी थी।

आज उसी भारी पानी को लेकर नार्वे फिर से समाचारों की सुर्खियों में है। नार्वे में तैयार किया गया 15.18 भारी पानी गायब हो गया है। पांच साल पहले नार्वे ने यह पानी पश्चिम जर्मनी की एक कंपनी को बेचा था। पर आगे यह भारी पानी किस देश को बेचा गया, इसके बारे में कोई जानकारी नहीं मिल रही है। भारत का आरोप है कि यह पानी चोरी-छिपे पाकिस्तान पहुंचा है। मगर पाकिस्तान का कहना है कि वह पानी भारत में पहुंचा है। यह भी संभव है कि वह भारी पानी इजराइल या किसी ऐसे अन्य देश में पहुंचा हो जहां गुप्त रूप से एटम-बम बनाए जा रहे हैं। जो भी हो, जानना उपयोगी होगा कि यह भारी पानी क्या है। कैसे बनता है और परमाणु-ऊर्जा के उत्पादन में इसका क्या महत्व है।

सामान्य पानी से हम सभी परिचित हैं। हम यह भी जानते हैं कि ऑक्सीजन का एक परमाणु और हाइड्रोजन के दो परमाणु मिलकर पानी का एक अंणु बनाता है। पर सारा पानी एक ही किस्म का नहीं है। वैज्ञानिकों ने पता लगाया है कि प्रकृति में हाइड्रोजन के तीन किस्म के परमाणु पाए जाते हैं। ऑक्सीजन के भी तीन किस्म के परमाणु मिलते हैं। इस तरह ऑक्सीजन और हाइड्रोजन के इन विभिन्न प्रकार के परमाणुओं के मेल-जोल से पानी के कुल 12 किस्म के अणु उपलब्ध होते हैं। अतः जिसे हम सामान्य पानी समझते हैं वह वस्तुतः 12 प्रकार का है। इन्हीं में से एक प्रकार को भारी पानी या गुरु जल (हैवी वाटर) कहते हैं।

प्रकृति में पाया जाने वाला सबसे हल्का तत्व हाइड्रोजन है। हाइड्रोजन के

सामान्य परमाणु के केंद्र (नाभिक) में केवल एक प्रोटोन कण होता है और केवल एक इलेक्ट्रोन इसका चक्कर लगाता रहता है। इसके अलावा प्रकृति में दो और किस्म के हाइड्रोजन के परमाणु पाए जाते हैं। दूसरे किस्म के हाइड्रोजन के परमाणु के नाभिक में एक प्रोटोन कण के अलावा एक न्यूट्रोन कण भी होता है। इस दूसरे किस्म के हाइड्रोजन की खोज अमरीकी वैज्ञानिक **हेरोल्स सी उरे** ने 1931 में की। इस दूसरे किस्म के हाइड्रोजन को उन्होंने ही **ड्यूटेरियम** का नाम दिया था। (यूनानी शब्द ड्यूटेनियम का अर्थ है **द्वितीय**)।

तीसरे किस्म के हाइड्रोजन के परमाणु के नाभिक में एक प्रोटोन कण और दो न्यूट्रोन कण होते हैं। इस हाइड्रोजन को ट्रिशियम का नाम दिया गया।

न्यूट्रोन कण का भार लगभग उतना ही होता है जितना कि प्रोटोन कण का। इन दोनों की तुलना में इलेक्ट्रोन का भार लगभग नगण्य होता है। साफ है कि ड्यूटेरियम का भार सामान्य हाइड्रोजन (जिसे प्रोटियम भी कहते हैं) के भार से लगभग दुगुना होगा। ड्यूटेरियम और सामान्य ऑक्सीजन के मेल से जो पानी बनता है उसे ही भारी पानी कहते हैं। सामान्य पानी में भारी पानी के अणुओं की मात्रा 0.015 होती है। दूसरे शब्दों में, सामान्य पानी के करीब 6000 अणुओं में भी पानी का केवल एक अणु मौजूद रहता है। जाहिर है कि सामान्य पानी से भारी पानी को पृथक करना बड़ा कठिन है और खर्चीला काम है।

भारी पानी हालांकि कम मात्रा में सामान्य पानी में ही मौजूद रहता है, पर इसके गुणधर्म काफी भिन्न हैं। भारी पानी करीब 4 डिग्री सेंटीग्रेड पर बर्फ बनाता है और 101.42 डिग्री से. पर उबलता है। भारी पानी में भिगोए गए बीज अंकुरित नहीं होते। मछलियों को यदि भारी पानी में छोड़ा जाए तो वे तत्काल मर जाती हैं। सामान्य पानी धरती के प्राणियों का जीवन-रक्षक है, तो भारी पानी ज्यादा मात्रा में जहर जैसा असर करता है।

लेकिन यही भारी पानी परमाणु के उत्पादन के लिए एक अत्यंत उपयोगी साधन सिद्ध हुआ है। आज दुनियाभर के अनेक परमाणु-रिएक्टरों में मंद (मॉडरेटर) के रूप में और ऊर्जा को बाहर लाने के लिए भारी पानी का इस्तेमाल होता है।

हमारे देश के तारापुर परमाणु बिजलीघर के दो रिएक्टरों में संवर्धित यूरेनियम और उबलते सामान्य पानी का उपयोग होता है। लेकिन राणा प्रताप सागर (राजस्थान) और कलपक्कम (मद्रास) के परमाणु बिजलीघरों के रिएक्टरों में सामान्य यूरेनियम और भारी पानी का इस्तेमाल होता है। नरोरा आदि स्थानों पर बनाए जा रहे रिएक्टरों में भी भारी पानी का इस्तेमाल होता है। इसलिए भारी पानी

का हमारे लिए बड़ा महत्व है। इस समय देश के छह कारखानों में भारी पानी का उत्पादन हो रहा है।

रिएक्टर के भीतर जब न्यूट्रोन कण यूरेनियम के परमाणुओं को निरंतर तोड़ते जाते हैं तो भीषण ऊर्जा पैदा होती है। एक न्यूट्रोन कण जब यूरेनियम के किसी नाभिक को तोड़ता है, तो औसतन ढाई नए न्यूट्रोन कण पैदा होते हैं। ये तीव्र गति वाले न्यूट्रोन होते हैं। इन्हें कुछ मंद करने पर ही ये पूरी क्षमता के साथ यूरेनियम के दूसरे नाभिकों को तोड़ सकते हैं। इसलिए रिएक्टर के भीतर एक ऐसी चीज स्थापित करना जरूरी होता है जो न्यूट्रोन कणों को मंद कर सके।

एनरिको फर्मी ने 1942 में अमेरिका में जो पहला रिएक्टर बनाया था उसमें न्यूट्रानों को धीमा करने के लिए मंदक के रूप में ग्रेफाइट इस्तेमाल किया गया था। बाद में पता चला कि सामान्य पानी, भारी पानी और बेरिलियम का भी मंदक के रूप में इस्तेमाल किया जा सकता है।

भारी पानी एक बढ़िया मंदक है। मंदक के रूप में भारी पानी का उपयोग करें तो फिर संवर्धित यूरेनियम की जरूरत नहीं होती; ईंधन के रूप में यूरेनियम ऑक्साइड का इस्तेमाल किया जा सकता है। सबसे पहले कनाडा में ऐसे रिएक्टरों का विकास किया गया था। हमारे देश के राजस्थान, मद्रास और नरोरा के रिएक्टर उसी ढांचे पर बनाए गए हैं। रिएक्टरों में भारी पानी का इस्तेमाल करने पर प्लूटोनियम कुछ अधिक मात्रा में तैयार होता है। इस प्लूटोनियम का पुनः परमाणु-ईंधन के रूप में इस्तेमाल किया जा सकता है। प्लूटोनियम से एटम-बम भी बनाए जा सकते हैं। तात्पर्य यह है कि हमारे देश में परमाणु-ऊर्जा का जो प्रोग्राम बना है उसके लिए भारी पानी का बुनियादी महत्व है।

देश में भारी पानी का एक कारखाना खोलने का निर्णय 1955 में लिया गया था। उस समय भारी पानी का महत्व आज जैसा स्पष्ट नहीं था। लेकिन डॉ. भाभा ने भारी पानी के महत्व को पहचाना और नांगल में हर साल करीब 10 टन भारी पानी तैयार करने वाला कारखाना 1962 में खुला। अब नांगल के अलावा बड़ोदरा, तूतिकोरीन, थलचर, कोटा तथा थल-वैशात में भी भारी पानी के कारखाने हैं। सातवां कारखाना भी बन रहा है।

रिएक्टरों में इस्तेमाल होने वाले भारी पानी का अत्यंत शुद्ध (99.8 प्रतिशत से अधिक शुद्ध) होना जरूरी है। भारी पानी को इतना शुद्ध बनाने के लिए काफी पहले ट्रांबे में एक कारखाना खोला गया था। अब दूसरा कारखाना भी स्थापित हो चुका है।

सामान्य पानी में भारी पानी प्राप्त करने की अनेक विधियां हैं। लेकिन इनमें

चार विधियां औद्योगिक दृष्टि से ज्यादा उपयोगी सिद्ध हुई हैं। विद्युत धारा के जरिए पानी को हाइड्रोजन और ऑक्सीजन में पृथक किया जा सकता है। आसवन की विधि से भी भारी पानी प्राप्त किया जा सकता है। रासायनिक अदल-बदल की विधियों से भारी पानी उपलब्ध हो जाता है। पर इन सभी विधियों में बेहद बिजली खर्च होती है। इसलिए भारी पानी का उत्पादन एक अत्यंत महंगा उद्योग है। परमाणु-ऊर्जा के उत्पादन में कुल जितना खर्च आता है उसका करीब बीस प्रतिशत भारी पानी के निर्माण पर खर्च होता है।

कनाडा, भूतपूर्व सोवियत संघ और नार्वे अपनी जरूरत से अधिक भारी पानी का उत्पादन करते हैं। भारत में हालांकि भारी पानी के छह कारखाने हैं, पर इनमें तैयार होने वाला भारी पानी हमारे लिए फिलहाल पर्याप्त नहीं है। भारी पानी के हमारे कारखाने में उत्पादन की विभिन्न टेक्नोलॉजियां अपनाई गई हैं। इसलिए भी पर्याप्त उत्पादन नहीं हो पा रहा है। परमाणु-ऊर्जा के कार्यक्रम पर इसका प्रतिकूल प्रभाव पड़ेगा ही।

चूंकि रिएक्टरों में भारी पानी का इस्तेमाल करके प्लूटोनियम प्राप्त किया जा सकता है, इसलिए इसकी बिक्री पर बड़े कड़े अंतरराष्ट्रीय प्रतिबंध लगाए गए हैं। नार्वे ने इस शर्त पर इजराइल को भारी पानी बेचा था कि वह नाभिकीय अनुसंधान के लिए उसका उपयोग करेगा। पर इजराइल ने उसका उपयोग अपने **डेमोना** नामक रिएक्टर में प्लूटोनियम तैयार करने के लिए किया।

पाकिस्तान ने आरोप लगाया है कि नार्वे से जो करीब 15 टन भारी पानी गायब हुआ है वह भारत में पहुंचा है। चोरी-छिपे भारी पानी प्राप्त करने की कोई जरूरत नहीं है। पाकिस्तान के पास एक छोटा रिएक्टर है जिसे कनाडा ने बनाया है। पर पाकिस्तान में भारी पानी का कोई कारखाना नहीं है। अतः संभव यही जान पड़ता है कि पाकिस्तान ने एटम-बम बनाने के लिए जिस तरह चोरी-छिपे अनेक साधन विदेशों से प्राप्त किए, वैसे ही भारी पानी भी प्राप्त किया होगा।

परिशिष्ट-3

भारत का प्रमुख परमाणु ईंधन

यूरेनियम

भारत के लिए परमाणु-ऊर्जा का जो प्रोग्राम बना है, वह तीन खंडों में पूरा होगा। अभी इस प्रोग्राम का पहला दौर चल रहा है और इसके अंतर्गत जो परमाणु बिजलीघर बने हैं या बन रहे हैं, उनमें परमाणु ईंधन के रूप में **यूरेनियम** का इस्तेमाल होगा। अमरीकी 'मदद' से 1969 में बनकर तैयार हुए **तारापुर परमाणु बिजलीघर** में साल में दो-तीन बार बिगाड़ पैदा होता है, और इसके लिए विशेष प्रकार का यूरेनियम हमें अमेरिका से खरीदना पड़ता है।

परंतु राणा प्रताप सागर, मद्रास तथा नरोरा के परमाणु बिजलीघरों में स्वदेशी यूरेनियम का ही इस्तेमाल होगा। ये सब पहले दौर के परमाणु बिजलीघर होंगे। ये चारों परमाणु बिजलीघर कुल मिलाकर करीब 1600 मेगावाट बिजली पैदा करने में समर्थ होंगे। हमारे देश में अधिक यूरेनियम नहीं मिलता, परंतु इतना तो मिलता ही है कि इन परमाणु बिजलीघरों की जरूरतें पूरी हो सकें।

परमाणु कुंडों में जब प्राकृतिक यूरेनियम के दंड स्थापित किए जाते हैं, तो उसके थोड़े हिस्से से ऊर्जा पैदा होती है। यूरेनियम का काफी बड़ा हिस्सा एक अन्य तत्व **प्लूटोनियम** में बदल जाता है। इस प्लूटोनियम की विशेषता यह है कि यूरेनियम

की तरह यह भी एक परमाणु ईंधन है और खास प्रकार के कुंडों में इससे ऊर्जा प्राप्त की जा सकती है। इसलिए परमाणु-ऊर्जा प्रोग्राम के दूसरे दौर में जो बिजलीघर बनेंगे, उनके कुंडों में यूरेनियम तथा प्लूटोनियम का इस्तेमाल होगा। इस दूसरे दौर के परमाणु कुंडों के बारे में इस समय अनुसंधान जारी है।

थोरियम

यूरेनियम तथा प्लूटोनियम के अलावा एक और परमाणु ईंधन है—**थोरियम**। परंतु प्राकृतिक थोरियम से सीधे ऊर्जा नहीं प्राप्त की जा सकती। जिस प्रकार **यूरेनियम-238** के नाभिक में न्यूट्रोन कण के समा जाने पर वह प्लूटोनियम के परमाणु में बदल जाता है, उसी प्रकार थोरियम के परमाणु में न्यूट्रोन कण समा जाने पर वह एक नए परमाणु में बदल जाता है। थोरियम का परमाणु **यूरेनियम-233** के परमाणु में बदल जाता है। यह **यूरेनियम-233** प्रकृति में कहीं नहीं मिलता, यह प्लूटोनियम की तरह कृत्रिम रूप से तैयार होता है! विशेष बात यह है कि प्लूटोनियम की तरह यह **यूरेनियम-233** भी एक बढ़िया परमाणु ईंधन है और इससे ऊर्जा अथवा बिजली प्राप्त की जा सकती है। अर्थात्, थोरियम एक प्रकार का परमाणु ईंधन ही है।

परमाणु-ऊर्जा प्रोग्राम के दूसरे दौर के कुंडों में ऊर्जा प्राप्त करने के लिए यूरेनियम तथा प्लूटोनियम के दंड स्थापित करके उनके चारों ओर थोरियम का कवच स्थापित किया जाए, तो वह थोरियम शनैः-शनैः **यूरेनियम-233** में बदलता जाएगा। फिर इस **यूरेनियम-233** को अलग करना होगा।

आगे विशेष प्रकार के परमाणु कुंडों में ऊर्जा प्राप्त करने के लिए इस यूरेनियम-233 को रखकर उनके चारों ओर थोरियम को स्थापित किया जाएगा। ऐसे कुंडों में यूरेनियम-233 से ऊर्जा मिलेगी और साथ ही थोरियम द्रव्य यूरेनियम-233 में बदलता जाएगा। इस प्रकार यूरेनियम-233 थोरियम का यह चक्र चलता रहेगा। अर्थात्, केवल थोरियम से पैदा होने वाले यूरेनियम-233 से ही ऊर्जा प्राप्त होती रहेगी। यह होगा परमाणु-ऊर्जा का तीसरा दौर। यह तब तक जारी रहेगा, जब तक थोरियम मिलता रहेगा।

विशेष बात यह है कि संसार-भर में सब से अधिक थोरियम भारत में ही मिलता है। थोरियम एक भारी धातु है, यह निकेल या प्लेटिनम जैसे चमकती है और मुख्यतः मोनाजाइट नामक खनिज के रूप में प्रकृति में मिलती है। हमारे देश में केरल के समुद्रतट पर यह **मोनाजाइट** खनिज बालू के रूप में मिलता है। 1953 के बाद बिहार तथा उड़ीसा में भी थोरियम के विपुल खनिज भंडार

मिले हैं। थोरियम के खनिज श्रीलंका, ब्राजील तथा अमेरिका में भी मिलते हैं। हमारी धरती में यूरेनियम से तीन-चार गुना अधिक थोरियम मिलता है।

थोरियम की खोज

थोरियम की खोज बर्जेलियू नामक वैज्ञानिक ने 1828 में की थी। स्केन्डेनेविया के युद्ध देवता थोर के आधार पर **थोरियम** शब्द बना है। थोरियम धातु ऊंचे तापमान पर पिघलती है, परंतु यह सीसे जैसी मुलायम होने से इसके तार निकाले जा सकते हैं। भारत में थोरियम की खोज 1909 में हुई और तब से 1947 तक अमेरिका तथा यूरोप के देशों को इसका निर्यात होता था। तदनंतर भारत सरकार ने इसके निर्यात पर रोक लगा दी और अब थोरियम का उत्पादन पूर्णतः सरकार के हाथ में है। गैस-बत्ती के मैन्टल बनाने में थोरियम के नाइट्रेट का इस्तेमाल होता है। परंतु अब यह थोरियम परमाणु ईंधन का एक प्रमुख स्रोत है।

थोरियम प्राप्त करने के लिए भारत सरकार ने परमाणु-ऊर्जा आयोग के अन्तर्गत केरल तथा ट्राम्बे में कारखाने स्थापित किए हैं। अल्प मात्रा में थोरियम यौगिकों का निर्यात भी होता है। चूंकि भावी भारत का परमाणु-ऊर्जा प्रोग्राम मुख्यतः इसी थोरियम पर आश्रित है, इसलिए **भाभा परमाणु अनुसंधान केंद्र** के वैज्ञानिक इस थोरियम के अनुसंधान में जुटे हुए हैं। थोरियम को **यूरेनियम-233** में किस प्रकार बदला जा सकता है और फिर इसे किस प्रकार पृथक किया जा सकता है, इसके बारे में भारतीय वैज्ञानिकों ने काफी जानकारी प्राप्त कर ली है। अब तक थोरियम ईंधन से ऊर्जा पैदा करके बिजली प्राप्त करना संभव हो गया है। थोरियम ईंधन का इस्तेमाल करने वाले कुंडों अथवा रिएक्टरों के बारे में अनुसंधान जारी है। जब ऐसे कुंड वास्तव में बन जाएंगे, तो भारत को परमाणु ईंधन की कोई कमी नहीं रहेगी। थोरियम ईंधन के मामले में भारत संसार का सबसे धनी देश है।

एक खतरा भी है। जिन विकसित देशों के पास यूरेनियम के विपुल भंडार हैं, जैसे अमेरिका, वे अपना यूरेनियम बेचने के लिए भारत पर कई प्रकार के दबाव डाल सकते हैं। अमेरिका के वैज्ञानिक थोरियम से बने यूरेनियम-233 को पृथक करने की विधि जानते थे, परंतु भारतीय वैज्ञानिकों को नई तरह से यह विधि खोजनी पड़ी। आगे हमें थोरियम टेक्नोलॉजी के बारे में कुछ दिक्कतें हुईं। परंतु भारत में सबसे अधिक थोरियम है, इसलिए सभी प्रकार की बाधाओं को दूर करना संभव हुआ।

परमाणु शक्ति का मूल ईंधन यूरेनियम

राजस्थान में कोटा शहर के पास चंबल नदी पर राणा प्रताप सागर नाम का एक बांध है। इसके पास एक बिजलीघर है। परंतु यह बिजली–पानी, तेल या कोयले से नहीं, बल्कि परमाणु शक्ति से बनती है। इसी प्रकार का एक परमाणु बिजलीघर मुंबई के पास **तारापुर** में है। हमारे देश का तीसरा परमाणु बिजलीघर मद्रास के पास **कलपक्कम** में बना है, और चौथा परमाणु बिजलीघर पश्चिमी उत्तर प्रदेश में **नरोरा** स्थान पर बना है।

इन परमाणु बिजलीघरों का ईंधन है–**यूरेनियम।** अभी कुछ सालों पहले हमारे वैज्ञानिकों ने राजस्थान के रेगिस्तान में जमीन के भीतर जो परमाणु परीक्षण किया था, उसमें **प्लूटोनियम** का इस्तेमाल हुआ था। परंतु यह प्लूटोनियम धातु धरातल में कहीं नहीं मिलती। **प्लूटोनियम को यूरेनियम से ही तैयार किया जाता है–कृत्रिम तरीकों से**। इसलिए परमाणु शक्ति का मूल ईंधन है–यूरेनियम। इस यूरेनियम के बारे में थोड़ी-बहुत जानकारी अब सबको होनी चाहिए।

संसार की सारी चीजें 92 मूल तत्वों के मेल-जोल से बनी हैं। इन्हीं में से एक है–**यूरेनियम**। यूरेनियम एक धातु है, देखने में इस्पात जैसी। यह सीसे से दुगुनी भारी होती है। यूरेनियम मुलायम धातु है। गर्म करके पीटकर इसके तार निकाले जा सकते हैं, पत्रे बनाए जा सकते हैं। इसे कुछ घंटे हवा में रखने पर जंग लगने लगती है।

बिहार में यूरेनियम

हमारी धरती में यूरेनियम धातु काफी मात्रा में मौजूद है। धरातल में लगभग उतना ही यूरेनियम बिखरा हुआ है, जितना कि सीसा। हमारी धरती में यूरेनियम की कुल मात्रा सोने अथवा चांदी से निश्चय ही अधिक है। परंतु सीसे अथवा सोने की तरह यूरेनियम को प्राप्त करना सरल नहीं है। क्योंकि यह धातु थोड़ी-थोड़ी मात्रा में बहुत-से खनिजों में बिखरी हुई है। **यूरेनिनाइट** (पिचब्लेन्डे) तथा **कार्नोटाइट** नामक जिन खनिजों में यूरेनियम अधिक मात्रा में मिलता है, उनमें भी इस धातु का अंश दो प्रतिशत से अधिक नहीं है। इसीलिए यूरेनियम के खनिज प्राप्त करना और उनमें से इस धातु को अलग करना एक अत्यन्त कठिन तथा खर्चीला काम है। यूरेनियम के उपयोगी खनिज अमेरिका, कनाडा, चेकोस्लोवाकिया, कांगो, दक्षिण अफ्रीका आदि देशों में पाए जाते हैं। हमारे देश में बिहार में यूरेनियम के खनिज मिलते हैं और वहीं पर जदुगुड़ा में इन खनिजों

को प्राप्त करने का कारखाना भी है।

यूरेनियम के बारे में हमें आधुनिक काल में ही जानकारी मिली है। अठारहवीं सदी में जर्मन वैज्ञानिक **क्लापरोथ** ने यूरेनियम खनिज की खोज की। इसे नाम देने का सवाल उठा। कुछ साल पहले 1781 ई. में शनि ग्रह के परे एक नए ग्रह की खोज हुई थी और उसे **यूरेनस** नाम दिया गया था। यूरेनस ग्रह के आधार पर इस नए खनिज को **यूरेनियम** नाम दिया गया। पहली बार शुद्ध यूरेनियम धातु फ्रांसीसी वैज्ञानिक **पैलिगो** ने 1841 ई. में प्राप्त की। परंतु अभी इस धातु को उपयोगी नहीं समझा गया था। **मारी क्यूरी** ने **पिचब्लेन्डे** नामक जिस खनिज से थोड़ा-सा **रेडियम** प्राप्त किया था, उसमें यूरेनियम भी मिलता है। परंतु उस समय भी यूरेनियम को महत्व की धातु नहीं समझा जाता था। **यूरेनियम को एकाएक विशेष महत्व मिला दूसरा महायुद्ध शुरू होने पर**।

यूरेनियम तत्व का सबसे छोटा टुकड़ा, जिसे हम उसका **परमाणु** कहते हैं, कई प्रकार के बहुत सारे अतिसूक्ष्म कणों से बना होता है। यूरेनियम के परमाणु की **गुठली** में मुख्यतः दो प्रकार के कण होते हैं, जिन्हें हम **न्यूट्रोन** तथा प्रोटोन कहते हैं। इस गुठली के चारों ओर **इलेक्ट्रोन** नामक 92 कण चक्कर काटते रहते हैं। गुठली में प्रोटोन भी 92 ही होते हैं, परंतु न्यूट्रोनों की संख्या कुछ कम-अधिक होती है। यूरेनियम की गुठली में करीब 140 न्यूट्रोन रहते हैं। न्यूट्रोनों की इस कम-अधिक संख्या के अनुसार यूरेनियम में तीन प्रकार के परमाणु मिलते हैं। अतः यूरेनियम के तीन प्रकार हैं—**यूरेनियम-234, यूरेनियम-235** और **यूरेनियम-238**। धरातल से जो शुद्ध यूरेनियम हम प्राप्त करते हैं, उसमें यूरेनियम-238 के परमाणुओं का हिस्सा 99 प्रतिशत से कुछ अधिक ही रहता है। शेष दो प्रकार के परमाणु का अंश एक प्रतिशत से भी कम रहता है।

परिशिष्ट-4

परमाणु-विस्फोट-गाथा एलमोगोर्दो से पोखरण तक

भारत ने पोखरण क्षेत्र में पांच नाभिकीय विस्फोटों का आयोजन किया। उनमें एक तापनाभिकीय विस्फोट भी था। फिर करीब एक पखवाड़े बाद ही पाकिस्तान ने भी चगाई (ब्लूचिस्तान) में छह नाभिकीय विस्फोट किए। जैसा कि स्वाभाविक था, दक्षिण एशिया के इन दो पड़ोसी देशों के बीच आरोपों-प्रत्यारोपों की जंग-सी छिड़ गई। महत्वपूर्ण तथ्य और आंकड़े 'गोपनीय' रखे गए हैं, इसलिए इन विस्फोटों के बारे में बहुत-सारी असंगत और परस्पर-विरोधी बातें भी कही गईं, कही जा रही हैं। मगर इन नए नाभिकीय विस्फोटों की वास्तविकता और इनसे संबंधित वैज्ञानिक तथ्यों को समझने में कोई विशेष कठिनाई नहीं है, बशर्ते कि आपको दुनिया के दूसरे देशों द्वारा पहले किए गए परमाणु विस्फोटों की सही जानकारी हो। इसी प्रयोजन से प्रस्तुत है, पिछले सात-आठ दशकों में नाभिकीय विस्फोटों को अधिकाधिक शक्तिशाली और विध्वंसक बनाने के लिए किए गए वैज्ञानिक प्रयासों का प्रामाणिक लेखा-जोखा।

जुलाई 1939 का एक दिन। अमेरिका में आकर बसे हुए हंगेरी के दो वैज्ञानिक–**लियो झिलार्ड** और **यूजेन विग्नेर**–लांग द्वीप में गर्मियों की छुट्टियां बिता रहे लंबे, अस्त-व्यस्त बालों वाले एक मशहूर वैज्ञानिक से मिलने जा रहे थे। काफी देर तक तलाशने के बाद भी उस वैज्ञानिक का मकान नहीं मिला, तो झिलार्ड अपने

साथी से बोले–"चलो वापस चलते हैं। नियति को शायद यही मंजूर हो। ऐसे मामले में शासन से अपील करने के लिए उनके जैसे महान वैज्ञानिक की मदद लेना हमारी संभवतः बहुत बड़ी भूल होगी। ऐसी चीज एक बार सरकार के कब्जे में चली जाए, तो फिर उसे कभी छुटकारा नहीं मिल सकता।"

"मगर यह काम करना हमारा फर्ज है," विग्नेर बोले, "इस भयावह संकट के निवारण में हमें अपना योग देना ही चाहिए।"

यह 'भयावह संकट' था–जर्मनी के वैज्ञानिकों द्वारा यूरेनियम बम का निर्माण करके उसे नाजी सेना को सौंप दिए जाने की संभावना।

अंततः, सात साल के एक बालक ने झिलार्ड और विग्नेर को उस लंबे बिखरे बालों वाले वैज्ञानिक के निवास-स्थान तक पहुंचा दिया। बालक ने यह भी बताया कि वह **आइंस्टाइन** को अच्छी तरह जानता है!

झिलार्ड और विग्नेर का मकसद था, आइंस्टाइन को यह बताना कि यूरेनियम में विखंडन की शृंखलाबद्ध अभिक्रिया संभव है। उन्होंने आइंस्टाइन को जानकारी दी कि जर्मनी के केसर विल्हेल्म इंस्टिट्यूट के वैज्ञानिक **ओट्टो हान** और **फ्रिट्ज स्ट्रासमान** ने न्यूट्रोन कणों से यूरेनियम के परमाणु को दो भागों में विखंडित करने में सफलता प्राप्त की है। **लिजे माइटनेर** ने, जिसने ओट्टो हान के साथ पहले खोज-कार्य किया था, इस तथ्य की पुष्टि की है और इसे विखंडन (फिशन) का नाम दिया है। लिजे माइटनेर, आस्ट्रियाई यहूदी होने के कारण, जर्मनी छोड़कर स्वीडन चली गई है। उनके भतीजे भौतिकीविद् **ओट्टो फ्रिश** भी उनके साथ हैं। दोनों ही

चित्र : परि.-4.1 : जर्मन वैज्ञानिक ओट्टो हान (1879-1968) सन् 1938 में किए गए अपने एक प्रयोग में यूरेनियम नाभिक को लगभग दो बराबर भागों में विखंडित हुआ देखकर आश्चर्यचकित रह गए।

तुरंत कोपनहेगन पहुंचे और यूरेनियम के विखंडित होने की जानकारी **नील्स बोर** को दी। नील्स बोर के अमेरिका पहुंचने पर यहां की कई प्रयोगशालाओं में विखंडन के सफल प्रयोग हुए हैं। यूरेनियम में शृंखलाबद्ध विखंडन संभव जान पड़ता है।

चित्र : परि.-4.2 : अल्बर्ट आइंस्टाइन (1879-1955 ई.)

विखंडन में आइंस्टाइन की बड़ी दिलचस्पी थी। सन् 1905 में उन्होंने ही पहली बार प्रतिपादित किया था कि द्रव्य को ऊर्जा में और ऊर्जा को द्रव्य में बदला जा सकता है, और इसके लिए एक संबंध-सूत्र भी प्रस्तुत कर दिया थाः

$E = Mc^2$ जहां E= ऊर्जा, M = द्रव्य और c = प्रकाश का वेग है (लगभग 3,00,000 किलोमीटर प्रति सेकंड)।

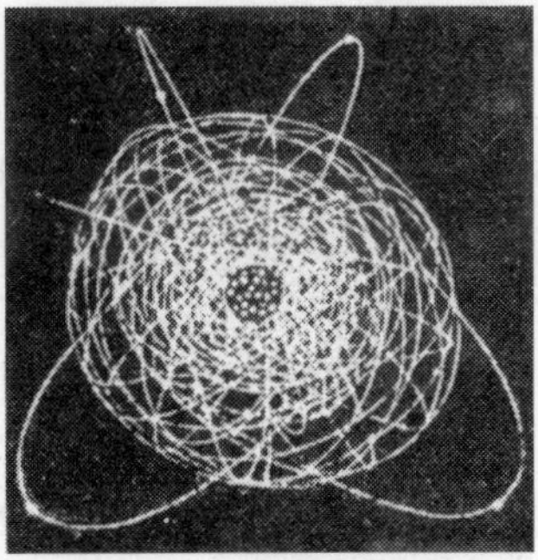

चित्र : परि.-4.3: यूरेनियम का परमाणु

यूरेनियम के विखंडन की शृंखलाबद्ध अभिक्रिया को समझने में कोई विशेष कठिनाई नहीं है। एक न्यूट्रोन कण यूरेनियम के नाभिक को तोड़ता है, तो वह दो नए न्यूट्रोन कणों को जन्म देता है। वे दो न्यट्रोन जब दो नए यूरेनियम नाभिकों को तोड़ते हैं, तो चार नए न्यूट्रोनों को जन्म देते हैं। इसी तरह, वे चार न्यूट्रोन आगे आठ न्यूट्रोनों को जन्म देते हैं, और यह सिलसिला जारी रहता है। साथ ही, ऊर्जा का उत्पादन भी तेजी से बढ़ता जाता है।

यूरेनियम के विखंडन की यह खोज द्वितीय महायुद्ध आरंभ होने के कुछ ही समय पहले हुई थी। भौतिकीविदों ने पता लगा लिया था कि एक औंस (करीब 23 ग्राम) यूरेनियम का विखंडन होने पर 600 टन **टी एन टी** तुल्य विस्फोटक शक्ति पैदा होती है। ऐसे हथियारों से युद्ध लड़े जाने का विचार निश्चय ही भयावह था। मगर मित्र राष्ट्रों के पहले नाजी जर्मनी के हाथ ऐसा हथियार लग जाने का विचार और भी अधिक भयावह था।

लियो झिलार्ड ने यूरेनियम के शृंखलाबद्ध विखंडन के दूरगामी परिणामों पर आइंस्टाइन के साथ चर्चा की। तय हुआ कि अमेरीकी राष्ट्रपति फ्रैंकलिन रूजवेल्ट के नाम एक पत्र तैयार किया जाएगा और आइंस्टाइन उस पर हस्ताक्षर करेंगे। अगली बार झिलार्ड आइंस्टाइन से मिलने गए, तो उनके साथ यूजेन विग्नेर के अलावा हंगेरी के ही एक और भौतिकीविद् थे—**एडवर्ड टेलेर** और तैयार था, एक पत्र, जिसके मुख्यांश हैं:

''एनरिको फर्मी और लियो झिलार्ड की ताजी खोजों से पता चलता है कि यूरेनियम तत्व को निकट भविष्य में एक नए और महत्वपूर्ण ऊर्जा-स्रोत में बदला जा सकता है।... यूरेनियम की बड़ी राशि में शृंखलाबद्ध नाभिकीय अभिक्रिया शुरू करना संभव जान पड़ता है। इस प्रक्रिया में विशाल मात्रा में ऊर्जा और रेडियम जैसे तत्वों की राशि प्राप्त होगी।... इसका उपयोग करके बम भी बनाए जा सकेंगे। एक नए किस्म के अत्यंत शक्तिशाली बमों का निर्माण भी संभव है, हालांकि पूरे यकीन के साथ नहीं कहा जा सकता।'' आइंस्टाइन ने पत्र में यह भी अपील की कि अमेरिका को ऐसा हथियार नाजी जर्मनी के पहले बना लेना चाहिए। पत्र के अंत में उन्होंने यह भी नमूद किया कि, ''इतिहास में पहली बार मनुष्य ऐसी ऊर्जा का इस्तेमाल करेगा जिसके स्रोत सूर्य में नहीं हैं।'' और, उसके बाद उन्होंने पत्र पर हस्ताक्षर कर दिए—**अल्बर्ट आइंस्टाइन**। वह 2 अगस्त, 1939

चित्र : परि.-4.4: एडवर्ड टेलेर (जन्म : 1908) ने अमेरिकी हाइड्रोजन-बम के निर्माण में महत्वपूर्ण भूमिका अदा की।

चित्र : परि.-4.5: जॉन फॉन के न्यूमान (1903-1957 ई.)

चित्र : परि.-4.6: एनारिको फर्मी (1901-1954 ई.)

का दिन था!

झिलार्ड के एक मित्र के जरिए आइंस्टाइन का पत्र रूजवेल्ट के पास 11 अक्तूबर, 1939 को पहुंचा। बीच के काल में, 1 सितम्बर 1939 को, यूरोप में दूसरा महायुद्ध शुरू हो गया। राष्ट्रपति रूजवेल्ट ने एक 'यूरेनियम समिति' की स्थापना कर दी। यूरेनियम के बारे में गहन खोजबीन शुरू हो गई।

चित्र : परि.-4.7: नील्स बोर (1885-1962 ई.)

पहली आवश्यकता थी पर्याप्त मात्रा में काफी शुद्ध यूरेनियम प्राप्त करना। धरातल में यूरेनियम काफी मात्रा में (400 टन चट्टानों में करीब 2 ग्राम) उपलब्ध है, मगर इसके समृद्ध खनिज कनाडा, चेकोस्लोवाकिया (अब विभाजित) और बेल्जियम कांगों जैसे कुछ ही देशों में पाए जाते हैं। सन् 1939 तक यूरेनियम को शुद्ध करने की विधियां नहीं खोजी गई थीं। काफी हद तक शुद्ध यूरेनियम सन् 1942 से ही प्राप्त होने लगा।

चित्र : परि.-4.8: अर्नेस्ट रदरफोर्ड (1871-1935 ई.)

लेकिन यूरेनियम के बारे में और भी कई समस्याएं थीं। इसके दो प्रमुख समस्थानिक (आइसोटोप) हैं—**यूरेनियम-235** और **यूरेनियम-238**। नील्स बोर ने पहले ही अनुमान लगा लिया था कि यू-238 के बजाय यू-235 को विखंडित करना अधिक आसान होगा। मगर कठिनाई यह है कि प्राकृतिक यूरेनियम के 140 भागों में 139 भाग यू-238 के होते हैं और यू-235 का केवल एक ही भाग होता है। इसलिए यू-238 में से यू-235 को बड़े पैमाने पर पृथक करना अत्यावश्यक था या कम-से-कम

चित्र : परि.-4.9: रूसी नाभिकीय भौतिकीविद् ईगोर वसीलेविच कुरचोतोव, (1902-1960 ई.) जो भूतपूर्व सोवियत संघ की परमाणु-ऊर्जा योजना के संचालक थे।

एक ऐसा मिश्रण प्राप्त करना जरूरी था जिसमें यू-235 की मात्रा 90 प्रतिशत से अधिक हो।

यू-235 को यू-238 से पृथक करने के लिए एक से अधिक तरीकों के बारे में सोचा गया। यू-235 का समस्थानिक यू-238 से 1.3 प्रतिशत कम भारी है, इसलिए गैसीय विसरण (गेसीयस डिफ्यूजन) की विधि को अधिक महत्व दिया गया। इसके लिए अमेरिका के टेनीसी प्रांत के **ओक रिज** स्थान में एक गुप्त शहर की स्थापना की गई। यहां अरबों डालर खर्च करके गैसीय विसरण विधि से यू-235 को पृथक करने के लिए कई विशाल संयंत्र (प्लांट) खड़े किए गए। किसी उद्योग के लिए निर्मित वे दुनिया के तब तक के सबसे बड़े कारखाने थे। उनके लिए उतनी ही बिजली खर्च होती थी जितनी कि समूचे न्यूयार्क शहर के लिए!

चित्र : परि.-4.10: हान्स बेथे (जन्म : 1906) जिन्होंने तापनाभिकीय अभिक्रिया की विभिन्न व्यवस्थाओं का प्रतिपादन किया था।

कोयले के एक छोटे टुकड़े में आग लगाकर उसे जलते रखना संभव नहीं है। यूरेनियम-235 के बारे में भी यही बात है। भौतिकीविदों ने पता लगा लिया कि शृंखलाबद्ध अभिक्रिया को चालू रखने के लिए संवर्धित यूरेनियम-235 के

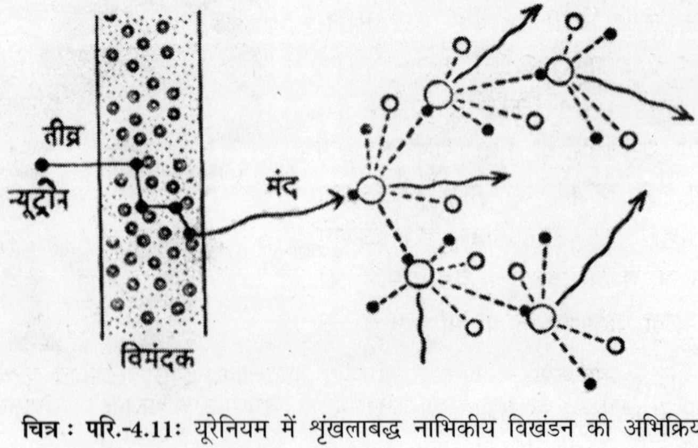

चित्र : परि.-4.11: यूरेनियम में शृंखलाबद्ध नाभिकीय विखंडन की अभिक्रिया

चित्र : परि.-4.12: यूरेनियम-235 या प्लूटोनियम-239 के क्रांतिक सीमा से कम द्रव्यमान वाले दो या अधिक टुकड़ों को तेजी से नजदीक लाकर विखंडन विस्फोट कराने के दो तरीके

कम से कम कितने बड़े पिंड की आवश्यकता होती है। इसे **क्रांतिक द्रव्यमान** (क्रिटिकल मास) का नाम दिया गया।

अब अगला कदम था, शृंखलाबद्ध अभिक्रिया को प्रायोगिक तौर पर स्थापित करना। देखा गया कि तीव्र न्यूट्रोनों की अपेक्षा मंद (मोडरेट) न्यूट्रोन यू-235 द्वारा आसानी से अवशोषित किए जाते हैं। इसलिए तीव्र न्यूट्रोनों को मंद बनाने वाले उपयुक्त साधन की तलाश शुरू हुई। भारी पानी एक बढ़िया मंदनक (मोडरेटर) है, मगर उन दिनों इसे तैयार करने में बहुत ज्यादा खर्च आता था और इसके उपयोग में कुछ कठिनाइयां भी थीं। अंततः अति शुद्ध ग्रेफाइट (कार्बन) को मंदनक के रूप में अपनाया गया। सन् 1941 में प्रयोगों से यह भी स्पष्ट

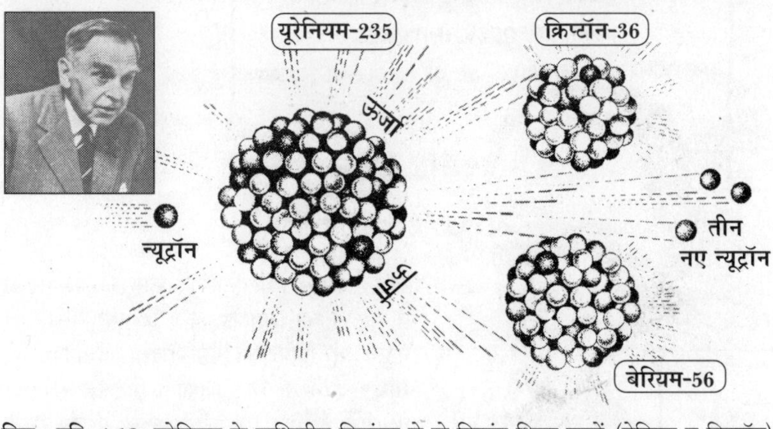

चित्र : परि.-4.13: यूरेनियम के नाभिकीय विखंडन से दो नितांत भिन्न तत्वों (बेरियम व क्रिप्टॉन) के परमाणु-नाभिकों का निर्माण। परिणाम को देखकर चकित हैं ओट्टो हान (बाईं ओर ऊपर)।

हो गया कि सामान्य शुद्ध यूरेनियम और ग्रेफाइट के मिश्रण में भी शृंखलाबद्ध अभिक्रिया संभव है, बशर्ते कि यूरेनियम की मात्रा काफी अधिक हो।

परमाणु-ऊर्जा के अनुसंधान के लिए अमेरिकी सैनिक शासन की ओर से अधिकाधिक धन उपलब्ध होने लगा। फिर 6 दिसम्बर, 1941 को राष्ट्रपति रूजवेल्ट के आदेश से **एटम-बम** के निर्माण के लिए 'मैनहैटन इंजीनियर डिस्ट्रिक्ट' नामक एक विशाल योजना बनाई गई। अगले दिन जापानी विमानों ने पर्ल हार्बर पर बमबारी की। अमेरिका ने जापान के विरुद्ध युद्ध की घोषणा कर दी। फिर जर्मनी व इटली के खिलाफ युद्ध की घोषणा कर दी। डर बढ़ता ही गया कि जर्मनी एटम-बम का निर्माण करके अमेरिका और उनके सहयोगी राष्ट्रों के खिलाफ उसका इस्तेमाल कर सकता है। एटम-बम बनाने की दिशा में अमेरिका के और अमेरिका में आकर बसे हुए वैज्ञानिकों के प्रयास बहुगुणित हो गए।

इटली के भौतिकीविद् **एनरिको फर्मी** और उनके सहयोगियों को क्रांतिक (क्रिटिकल) आकार के शृंखलाबद्ध रिएक्टर के निर्माण की जिम्मेदारी सौंपी गई। इसके लिए शिकागो विश्वविद्यालय के फुटबाल स्टेडियम के नीचे एक गुप्त

चित्र : परि.-4.14: एनारिको फर्मी (1901-1954) के पीछे है वह शिलापट्ट जो 2 दिसम्बर, 1942 को पहली बार प्राप्त की गई शृंखला-अभिक्रिया को सूचित करने के लिए शिकागो फुटबाल स्टेडियम के नीचे स्थापित नाभिकीय पाइल (रिएक्टर) के प्रवेश-द्वार पर बाद में लगाया गया था।

चित्र : परि.-4.15: शिकागो विश्वविद्यालय के फुटबाल स्टेडियम के नीचे बनाए गए प्रथम शृंखलाबद्ध रिएक्टर (पाइल) का आरेख।

'धातु प्रयोगशाला' बनाई गई। उस समय तक 6 टन शुद्ध यूरेनियम उपलब्ध हो गया था। एकांतर से ग्रेफाइट और यूरेनियम की परतें रखकर कुल 57 परतों का एक रिएक्टर (जिसे उस समय 'पाइल' का छद्म नाम दिया गया था) बनाया गया और बीच-बीच में केडमियम के नियंत्रक दंड स्थापित करने के लिए उसमें छिद्र छोड़े गए। केडमियम एक ऐसी धातु है जो बड़ी मात्रा में न्यूट्रोनों को पकड़ सकती है।

फिर, 2 दिसम्बर, 1942 का ऐतिहासिक दिन आया। उस दिन रिएक्टर (पाइल) में से केडमियम दंड धीरे-धीरे बाहर खींचे गए। दोपहर को 3 बजकर 45 मिनट पर सुस्पष्ट हो गया कि रिएक्टर में स्वनिर्भर विखंडन प्रक्रिया शुरू हो गई है। वह परमाणु युग के श्रीगणेश का क्षण था। उस दिन प्रमाणित हो गया कि परमाणुओं से ऊर्जा प्राप्त की जा सकती है और उसे नियंत्रण में रखा जा सकता है। यह एक महान सफलता थी। इसकी सूचना देने के लिए **प्रो. आर्थर कॉम्पटन** ने उसी दिन शिकागो से **प्रो. जेम्स कोनान्ट** को, जो अमेरिकी सरकार के एक उच्च्च वैज्ञानिक पदाधिकारी थे, केम्ब्रिज (मैसाचुसेट्स) टेलीफोन कियाः "आपको यह जानकार खुशी होगी कि इटली के नौचालक अभी-अभी नई दुनिया में पहुंच गए हैं।"

"देशी लोग कैसे हैं?" कोनान्ट ने पूछा।

"बहुत अनुकूल!"

यहां यूरेनियम के विखंडन से संबंधित शोधकार्य के बारे में एक महत्व की

बात को जान लेना जरूरी है। यूरेनियम के विखंडन का सुझाव फ्रिश और माइटनेर ने जनवरी 1939 में दिया था। कुछ ही सप्ताहों में प्रयोगों से इसकी पुष्टि हो गई। आगे के कुछ ही सप्ताहों में अमेरिका में पहुंचे हुए फर्मी और झिलार्ड जैसे कुछ वैज्ञानिकों ने विखंडन की प्रक्रिया के लिए, गणनाएं करके, सैद्धांतिक विचार प्रस्तुत कर दिए थे। साथ ही, झिलार्ड, फर्मी, विग्नेर, एडवर्ड टेलेर, विक्टोर वाइस्सकोफ जैसे कुछ प्रमुख भौतिकीविदों को यूरेनियम के विखंडन के सैनिक उपयोग की संभावनाएं स्पष्ट होने लगी थीं। ये सभी यूरोप के वैज्ञानिक थे और नाजी व फासिस्ट उत्पीड़नों से बचने के लिए उन्होंने अमेरिका में शरण ली थी। उन्हें यूरोप में पैदा होने वाली भयावह,परिस्थितियों का अंदाजा था। सन् 1939 के ग्रीष्म तक अमेरिका में पैदा हुए वैज्ञानिकों को यूरेनियम के विखंडन के सैनिक उपयोग का कोई ख्याल नहीं था।

यूरेनियम के विखंडन की बात स्पष्ट हो जाने के बाद नील्स बोर को लगा कि नाभिकीय ऊर्जा से संबंधित अनुसंधान-कार्य की महत्वपूर्ण जानकारी के प्रकाशन पर स्वेच्छा से रोक लग जानी चाहिए। अमरीकी और ब्रिटिश वैज्ञानिकों ने उनके इस प्रस्ताव को स्वीकार कर लिया। मगर फ्रांसीसी भौतिकीविद् **फ्रेदेरिक झॉल्यो** (1900-58 ई.) ने इसे स्वीकार नहीं किया; उनका कहना था कि इस विषय का एक महत्वपूर्ण शोध-निबंध प्रकाशित हो गया है, इसलिए अब इस प्रतिबंध का कोई अर्थ नहीं रह गया है। नतीजा यह हुआ कि सन् 1939 में नाभिकीय विखंडन के बारे में बहुत सारे शोध-निबंध प्रकाशित हुए। इनके प्रकाशन पर पूर्ण स्वैच्छिक प्रतिबंध अप्रैल 1940 से ही लागू हुआ जो आगे कई साल तक चला।

2 दिसम्बर, 1942 के दिन शिकागो के फुटबाल स्टेडियम के नीचे बने रिएक्टर में यूरेनियम के विखंडन की शृंखलाबद्ध प्रक्रिया शुरू हुई। धरती पर पहली बार नाभिकीय ऊर्जा उपलब्ध हुई। मगर शिकागो का वह रिएक्टर महज एक प्रयोग था। उपयोगी ऊर्जा पैदा करने में असमर्थ था। उसमें 2 दिसम्बर, 1942 को जो ऊर्जा पैदा हुई वह एक छोटे बल्ब को प्रज्वलित करने में ही समर्थ थी। उस रिएक्टर में एकाएक और विस्फोट के साथ नहीं, बल्कि धीरे-धीरे ऊर्जा पैदा होती थी। रूजवेल्ट को लिखे पत्र में आइंस्टाइन ने जिस 'अत्यंत शक्तिशाली बम' का जिक्र किया था उसे बनाना अभी काफी दूर की बात थी।

सन् 1941 में एक और महत्वपूर्ण बात की जानकारी मिली। विखंडित हो सकने वाले एक और तत्व का पता चला। मंद न्यूट्रोन को ग्रहण करके **यूरेनियम-238** समस्थानिक पहले **यूरेनियम-239** में, फिर **नेपच्यूनियम-239** में

और अंत में **प्लूटोनियम-239** में बदल जाता है। प्लूटोनियम-239, यू-235 की तरह ही, मंद न्यूट्रोनों से विखंडित हो जाता है। बड़ी मात्रा में यूरेनियम-235 उपलब्ध हो जाना निश्चित नहीं था, इसलिए प्लूटोनियम तैयार करने का निर्णय लिया गया।

प्लूटोनियम के निर्माण के लिए वाशिंगटन प्रांत के **ओक रिज** और **हानफोर्ड** स्थानों पर सन् 1943 में विशेष प्रकार के विशाल रिएक्टर स्थापित किए गए। इन रिएक्टरों में से यूरेनियम को बीच-बीच में निकाला जा सकता था। साथ ही, यूरेनियम से प्लूटोनियम को अलग करने की रासायनिक विधियां भी खोजी गईं। विशेष बात यह थी कि इन रिएक्टरों को पानी का उपयोग करके ठंडा रखा जाता था। प्लूटोनियम पैदा करने वाले इन रिएक्टरों के संचालन से वैज्ञानिकों को नाभिकीय (न्यूक्लीयर) भौतिकी के बारे में बहुत सारी उपयोगी जानकारी मिली।

सन् 1945 के आरंभ तक एटम-बम बनाने के लिए पर्याप्त मात्रा में शुद्ध यूरेनियम-235 और प्लूटोनियम-239 उपलब्ध हो गया था। मगर उसके पहले ही न्यू मैक्सिको के **लॉस अलमोस** स्थान पर गुप्त रूप से एटम-बम बनाने की तैयारियां शुरू हो गई थीं। भौतिकीविद् **रॉबर्ट आप्पेनहाइमेर** (जिन्हें उनके मित्र 'ओप्पी' कहते थे) लॉस अलमोस अनुसंधान-कार्य के निदेशक और एटम-बम बनाने में जुटे वैज्ञानिक-दल के मुखिया थे। वहां चोटी के बहुत सारे वैज्ञानिक एकत्र हो गए थे—एनारिको फर्मी, एमिल्यो सेग्रे, हरबर्ट एंडरसन, ओट्टो फ्रिश और नील्स बोर आदि भी थे। वहां कनाडा और इंग्लैंड के वैज्ञानिक भी पहुंच गए थे। इंग्लैंड का नेतृत्व न्यूट्रोन कण के आविष्कारक **जेम्स चाडविक** कर रहे थे। ब्रिटिश दल में स्विट्ज़रलैंड, जर्मनी, पोलैंड और आस्ट्रिया के वैज्ञानिक भी शामिल थे। लॉस अलमोस की तमाम गतिविधियों को 'गोपनीय' रखा गया मगर जहां

चित्र : परि.-4.16: जूलियस रॉबर्ट आप्पेनहाइमेर (1904-1967 ई.)

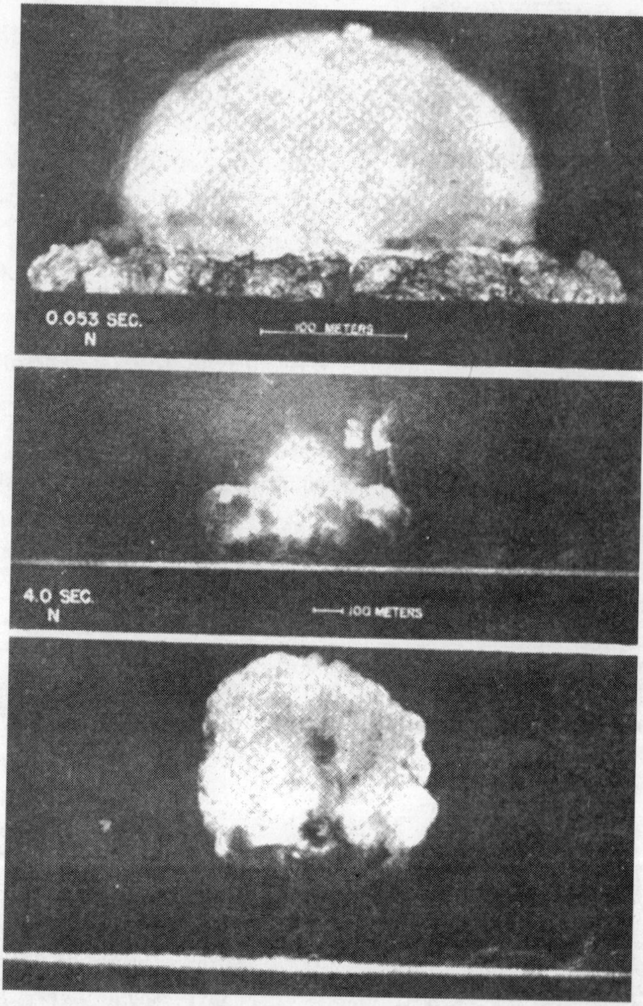

चित्र : परि.-4.17: एलमोगोर्दो (न्यू मैक्सिको) में 16 जुलाई, 1945 को किए गए पहले एटम-बम के विस्फोट के तीन नजारे।

कई देशों के इतने सारे वैज्ञानिक एकत्र हुए हों वहां की जानकारी को लंबे समय तक गोपनीय रख पाना क्या संभव था?

एटम-बम के विस्फोट के लिए नाभिकीय शृंखला का अत्यंत तेजी से संपन्न होना अत्यावश्यक था यह तीव्र न्यूट्रोनों से हो सकता था, इसलिए किसी मंदनक की आवश्यकता नहीं थी। चूंकि विखंडनशील पदार्थ (यू-235 या प्लू-239) की

क्रांतिक द्रव्यराशि (हवा से किसी भटके न्यूट्रोन को ग्रहण करके) स्वयं ही विस्फोटित हो जाती है, इसलिए बम के ईंधन को दो या अधिक हिस्सों में विभक्त किया गया। इन हिस्सों को तेजी से नजदीक लाने के लिए सामान्य विस्फोटक (जैसे टी एन टी) की व्यवस्था की गई। एक प्रकार की व्यवस्था में एक ट्यूब के विपरीत सिरों पर यूरेनियम के दो खंड स्थापित किए गए, और इसे **थिन मैन** (पतला आदमी) का नाम दिया गया। दूसरी व्यवस्था एक बड़ी गेंद के आकार की थी। परिधि-क्षेत्र में स्थापित यू-235 या प्लू-239 के खंडों को तेजी से केंद्र की ओर ढकेल कर अंतःस्फोट (इम्प्लोजन) करने की इस व्यवस्था को **फैट मैन** (मोटा आदमी) नाम दिया गया था। (सन् 1974 में पोखरण में जिस परमाणु युक्ति का परीक्षण किया गया था वह अंतः विस्फोट की व्यवस्था पर ही आधारित थी।)

चित्र : परि.-4.18 : 6 अगस्त, 1945 को हिरोशिमा पर डाला गया अमेरिकी परमाणु बम 'लिटल बॉय'।

चित्र : परि.-4.19 : 9 अगस्त, 1945 को नागासाकी पर डाला गया अमेरिकी परमाणु बम 'फैट मैन'।

स्पष्ट है कि, छोटे पैमाने के परमाणु विस्फोट का परीक्षण संभव नहीं था। इसलिए न्यू मेक्सिको के **एलमोगोर्दो** स्थान पर 16 जुलाई, 1945 को सुबह 5.30 बजे एक परिपूर्ण एटम-बम या परमाणु बम (वस्तुतः इसे **नाभिकीय-विखंडन बम** कहना अधिक उपयुक्त होगा) के परीक्षण की व्यवस्था की गई। परीक्षण वैज्ञानिकों की आशा से भी अधिक विस्फोटक साबित हुआ प्लूटोनियम से बनाए गए परमाणु बम का यह प्रथम विस्फोट 20,000 टन (20 किलो टन) टी एन टी (ट्राइ-नाइट्रो-टोल्यूइन) के तुल्य था!

सन् 1945 के आरंभ में जब इस पहले परमाणु बम के निर्माण का कार्य शुरू हो गया था, तब आइंस्टाइन और दूसरे कई वैज्ञानिकों को एक नई चिंता सताने लग गई थी। जर्मनी का पतन हो गया था। झिलार्ड लिखते हैंः ''सन् 1945 में जर्मनी के भय के बारे में सोचना हमने छोड़ दिया था। अब हमारा भय था–अमेरिकी सरकार दूसरे देशों के साथ क्या करेगी।''

चित्र : परि.-4.20 : परमाणु परीक्षण स्थल, पोखरण 1998

झिलार्ड पुनः आइंस्टाइन के पास गए और उनसे राष्ट्रपति रूजवेल्ट के नाम इस आशय का पत्र लिखने का अनुरोध किया कि जापान के खिलाफ परमाणु बम का इस्तेमाल न किया जाए।

आइंस्टाइन ने पत्र भेजा, मगर वह रूजवेल्ट को पढ़ने को नहीं मिला। उसके पहले ही 12 अप्रैल, 1945 को रूजवेल्ट का अचानक देहांत हो गया!

एलमोगोर्दो में विस्फोटित किए गए परमाणु बम के अलावा अमेरिका में दो और परमाणु बम बनाए गए थे। इनमें एक था 4.5 टन भार का यूरेनियम बम जिसे 'लिटल बॉय' का नाम दिया गया था। दूसरा था 5 टन भार का प्लूटोनियम बम, जिसे 'फैट मैन' का नाम दिया गया था। अप्रैल 1945 में रूजवेल्ट के देहांत के बाद ट्रुमन ने राष्ट्रपति का पद संभाला था। वे जल्दी से विजय प्राप्त करने का श्रेय लेने के लिए उतावले थे। उनसे आदेश मिल जाने पर 6 अगस्त, 1945 को 'लिटल बॉय' को जापान के हिरोशिमा नगर पर डाला

गया और तीन दिन बाद अगस्त, 1945 को 'फैट मैन' को नागासाकी नगर पर। इन दोनों बमों का विस्फोट 650 मीटर की ऊंचाई पर हुआ और इनकी संयुक्त विस्फोटक शक्ति 35 किलोटन के बराबर थी। हिरोशिमा और नागासाकी की विनाश-लीला से हम सभी परिचित हैं। तीन साल पहले शुरू हुआ परमाणु युग अब एक हकीकत बन गया, समूची मानव जाति के लिए भारी चिंता का मामला बन गया। हिरोशिमा और नागासाकी पर परमाणु बम डाले जाने पर पश्चाताप में निकले आइंस्टाइन के उद्‌गार थे–"हां, मैंने ही बटन दबाया था।" यानी मैंने ही रूजवेल्ट को पत्र लिखा था।

आगे के चार साल तक अमेरिका इस भ्रांति में रहा कि, सुरक्षा का कड़ा बंदोबस्त रहे, तो परमाणु बम की प्रौद्योगिकी को दूसरे देशों से सुदीर्घ काल के लिए 'गोपनीय' रखा जा सकता है। वस्तुतः सन् 1939 से ही नाभिकीय विखंडन से संबंधित सिद्धांत व तथ्य जाहिर होते आ रहे थे और सोवियत संघ ने सन् 1940 में ही इस मामले में खोजबीन शुरू कर दी थी। अमेरिका को दूसरा महायुद्ध अपनी भूमि पर नहीं लड़ना पड़ा। यदि भूतपूर्व सोवियत संघ को अपनी भूमि पर जर्मन हमले को विफल बनाने के लिए अपने सारे साधन न एकत्र करने पड़ते, तो वह भी सन् 1945 में ही अपना परमाणु बम बना लेता। सोवियत संघ ने अपने पहले परमाणु बम का परीक्षण 22 सितम्बर, 1949 को किया। वह बम हिरोशिमा पर डाले गए बम से छह गुना अधिक शक्तिशाली था।

इंग्लैंड के लिए परमाणु बम बनाने में कोई विशेष कठिनाई नहीं थी, क्योंकि वहां के वैज्ञानिकों ने अमरीकी परमाणु बम बनाने में भरपूर योग दिया था। इंग्लैंड ने अपने पहले परमाणु बम का परीक्षण 3 अक्तूबर 1952 को किया। 'नाभिकीय क्लब' में शामिल होने वाला चौथा देश फ्रांस था। फ्रांस ने 13 फरवरी, 1960 को सहारा के मरुस्थल में अपने प्लूटोनियम बम का परीक्षण किया। फिर चीन ने 16 अक्तूबर, 1964 को परमाणु बम के विस्फोट की घोषणा की और इस तरह वह नाभिकीय शक्ति वाला दुनिया का पांचवां देश बन गया। तदनंतर 18 मई, 1974 को भारत ने पोखरण में अपने पहले नाभिकीय बम का परीक्षण किया। उसके 24 साल बाद अब गत 11 और 13 मई को पोखरण-क्षेत्र में ही भारत ने पांच और नाभिकीय विस्फोट किए, जिनमें से एक, जैसा कि बताया गया है, तापनाभिकीय बम यानी हाइड्रोजन-बम का विस्फोट है। परमाणु-ऊर्जा आयोग के अध्यक्ष डॉ. चिदंबरम् के अनुसार, 11 मई को किए गए दो विखंडन विस्फोट 15 किलोटन और 0.2 किलोटन के थे और 13 मई को किए गए दो विखंडन विस्फोट 0.2 से 0.6 किलोटन तक की शक्ति के थे। उनके अनुसार, 11 मई को किया गया

तापनाभिकीय विस्फोट 45 किलोटन शक्ति का था। इसकी अधिक चर्चा हम आगे करेंगे।

पाकिस्तान पिछले कई सालों से नाभिकीय विस्फोट की तैयारियां करता आ रहा था। यूरेनियम-235 या प्लूटोनियम-239 उपलब्ध रहे, तो फिर परमाणु बम बनाने में कोई विशेष कठिनाई नहीं है। अतः भारतीय विस्फोटों के करीब एक पखवाड़े बाद ही पाकिस्तान ने पहले 28 मई को एक साथ 5 नाभिकीय विस्फोट किए और फिर 30 मई को एक और विस्फोट किया, तो इसमें किसी को कोई आश्चर्य नहीं होना चाहिए। ये विस्फोट करीब 10 किलोटन के थे, हालांकि निश्चित रूप से कुछ नहीं कहा जा सकता। ज्यादा संभव यही जान पड़ता है कि पाकिस्तान ने अपने परमाणु बमों में संवर्धित यूरेनियम-235 का इस्तेमाल किया है। पाकिस्तानी नाभिकीय कार्यक्रम के प्रमुख **डा. अब्दुल कादिर खान** ने कबूल किया है कि परमाणु बम की प्रौद्योगिकी उन्होंने विदेशों से खरीदी है। दरअसल, आज दुनिया के करीब दो दर्जन देश परमाणु बम बनाने में समर्थ हैं—इजराइल, अर्जेंटिना और इराक तो निश्चित रूप से।

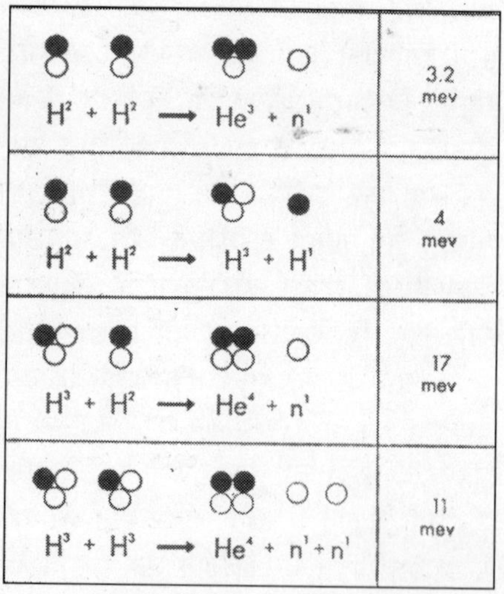

चित्र : परि.-4.21: हाइड्रोजन के निर्माण के लिए चार संभव तापनाभिकीय अभिक्रियाएं। दाईं ओर के स्तंभ में प्रत्येक अभिक्रिया में उत्पन्न होने वाली ऊर्जा दस लाख इलेक्ट्रोन वोल्टों (mev) में दी गई है। यहां दी गई तीसरी ट्राइटियम-ड्यूटेरियम अभिक्रिया में सबसे कम समय (0.000012 से.) में सबसे ज्यादा ऊर्जा (17 mev) प्राप्त होती है।

हाइड्रोजन-बम

महत्व की बात यह है कि भारत ने इस बार चार परमाणु बमों के विस्फोटों के अलावा पहली बार एक तापनाभिकीय बम यानी हाइड्रोजन-बम का भी विस्फोट कर लिया। अमेरिका, रूस, इंग्लैंड और चीन के बाद हाइड्रोजन-बम का विस्फोट करने वाला भारत दुनिया का पांचवां देश बन गया है। इसलिए समझना जरूरी है कि यह तापनाभिकीय बम वस्तुतः क्या बला है।

परमाणु बम में यू-235 या प्लू-239 के विखंडन की क्रिया घटित होती है। इसके विपरीत, हाइड्रोजन-बम के विस्फोट में हाइड्रोजन के परमाणुओं का **संलयन** या **संगलन** (फ्यूजन) होता है। यूरेनियम के विखंडन में इसका 0.1 प्रतिशत द्रव्य ऊर्जा में बदल जाता है। मगर जब हाइड्रोजन के परमाणुओं का संलयन होकर हीलियम का निर्माण होता है, तो उनका 0.5 प्रतिशत द्रव्य ऊर्जा में बदल जाता है। स्पष्ट है कि संलयन की प्रक्रिया में बहुत ज्यादा ऊर्जा पैदा होती है।

मगर हाइड्रोजन के नाभिक में मौजूद प्रोटोनों का संलयन अति उच्च (कई करोड़ डिग्री सेल्सियस) तापमान पर ही हो सकता है। अति उच्च तापमान पर संलयन क्रिया कुछ इस प्रकार घटित होती हैः दो प्रोटीन आपस में मिलकर एक ड्यूटेरियम नाभिक का निर्माण करते हैं। ड्यूटोरियम, हाइड्रोजन का एक ऐसा समस्थानिक है जिसके नाभिक में एक प्रोटोन व एक न्यूट्रोन होता है। फिर ड्यूटेरियम नाभिक एक प्रोटोन के साथ संगलित होकर ट्राइटियम के नाभिक का सृजन करता है (ट्राइटियम भी हाइड्रोजन का ही समस्थानिक हैः इसके नाभिक में एक प्रोटोन और दो न्यूट्रोन होते हैं)। फिर इस ट्राइटियम के साथ एक और प्रोट्रोन के मिलने पर हीलियम-4 का सृजन होता है। हीलियम के नाभिक में दो प्रोटोन और दो न्यूट्रोन होते हैं। दरअसल, ड्यूटेरियम और ट्राइटियम के नाभिक कई प्रकार से संयुक्त होकर हीलियम-4 का सृजन करते हैं।

चूंकि ये तमाम अभिक्रियाएं अति उच्च तापमान में ही घटित होती हैं, इसलिए इन्हें **तापनाभिकीय अभिक्रियाएं** (थर्मोन्यूक्लियर रिएक्शन्स) कहते हैं। इतना उच्च तापमान सूर्य व अन्य तारों की केन्द्रीय भट्ठियों में ही मौजूद हो सकता है। जर्मनी में पैदा हुए भौतिकीविद् **हान्स अल्ब्रेख्ट बेथे** (जो हिटलर की जर्मनी को छोड़कर सन् 1935 में अमेरिका में आ गए थे) ने सन् 1939 में प्रतिपादित किया था कि तारों में पैदा होने वाली ऊर्जा वस्तुतः संलयन अभिक्रिया की ऊर्जा है।

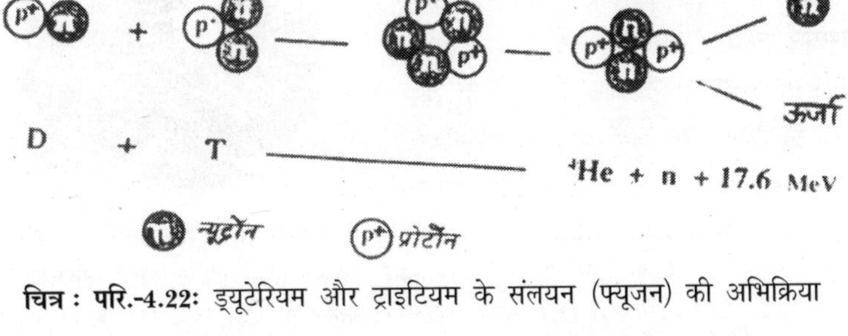

चित्र : परि.-4.22: ड्यूटेरियम और ट्राइटियम के संलयन (फ्यूजन) की अभिक्रिया

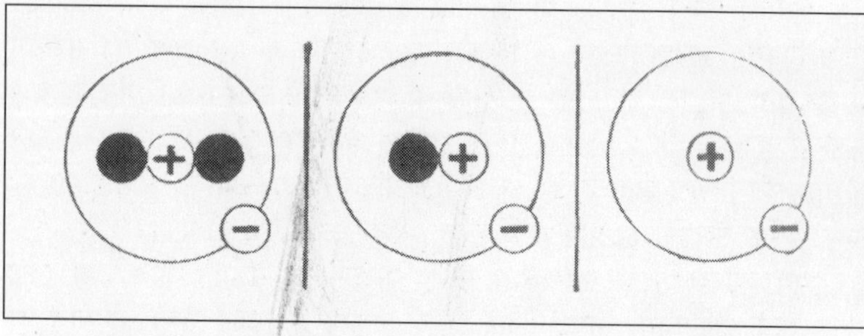

चित्र : परि.-4.23: हाइड्रोजन के तीन समस्थानिक (क्रमशः बाएं से दाएं) : प्रोटियम (सामान्य हाइड्रोजन), ड्यूटेरियम (भारी हाइड्रोजन) और ट्राइटियम। रेडियोधर्मी ट्राइटियम को कृत्रिम रूप से ही प्राप्त किया जा सकता है।

नाभिकीय विखंडन बम या परमाणु बम के विस्फोट के रूप में अब धरती पर भी अति उच्च तापमान पैदा करना संभव हो गया था। परमाणु बम की 'दियासलाई' जलाकर हाइड्रोजन में संलयन की शृंखलाबद्ध अभिक्रिया शुरू कर देना संभव प्रतीत हुआ। इसलिए ड्यूटेरियम और ट्राइटियम के रूप में तरल हाइड्रोजन ईंधन प्राप्त करने के प्रयास शरू हो गए। परमाणु बम की विध्वंसक शक्ति आजमाई जा चुकी थी। उससे अधिक विध्वंसक बम बनाने की कोई आवश्यकता नहीं थी। फिर भी अमेरिका और भूतपूर्व सोवियत संघ में हाइड्रोजन-बम के निर्माण का कार्य शुरू हो गया। अमेरिका ने ट्राइटियम ईंधन तैयार करके 65 टन भार का एक हाइड्रोजन-बम बना लिया। फिर प्रशांत महासागर के एक प्रवालद्वीप पर 1 नवम्बर, 1952 को अमेरिका ने अपने पहले हाइड्रोजन-बम का विस्फोट किया। यह विस्फोट 10,000,000 टन (10 मेगाटन) टी एन टी शक्ति का, यानी हिरोशिमा पर डाले गए 20 किलोटन

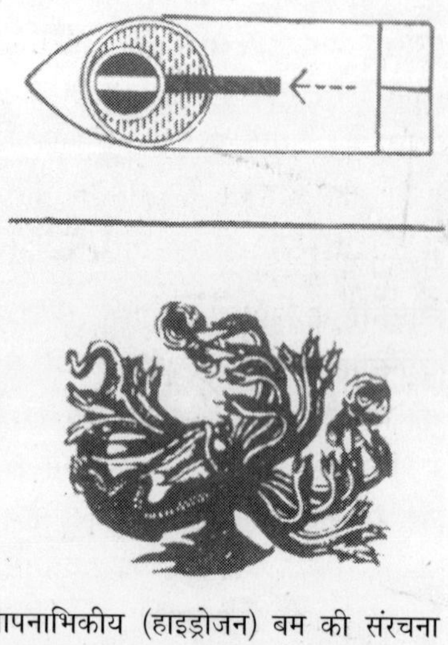

चित्र : परि.-4.24: महाविध्वंसक तापनाभिकीय (हाइड्रोजन) बम की संरचना का आरेख : मध्य में विखंडन बम (दियासलाई), उसके बाहर संलयित होने वाली द्रव्यराशि और सबसे बाहर गोलाकार में ड्यूटेरियम-238 का आवरण।

के परमाणु बम से 500 गुना अधिक शक्तिशाली था। उस विस्फोट से समूचा प्रवालद्वीप विलुप्त हो गया!

सोवियत संघ भी ज्यादा पीछे नहीं रहा। उन्होंने भी 12 अगस्त, 1953 को एक हाइड्रोजन-बम का सफलतापूर्वक विस्फोट किया। परमाणु बम बनाने के बाद हाइड्रोजन-बम बनाने में अमेरिका को जहां साढ़े सात साल लगे, वहां सोवियत संघ को केवल चार साल लगे। विशेष बात यह है कि रूस द्वारा बनाया गया हाइड्रोजन-बम इतना हल्का (पोर्टेबल) था कि उसे हवाई जहाज से ले जाया जा सकता था। अमेरिका एक पोर्टेबल हाइड्रोजन-बम सन् 1954 में बना सका।

फिर उसी दौरान एक सरल तरीके से तापनाभिकीय अभिक्रिया संपन्न करके एक छोटे आकार का हाइड्रोजन-बम बनाना संभव हो गया। इस अनोखी अभिक्रिया का मुख्य घटक **लीथियम** तत्व है। जब लीथियम-6 का समस्थानिक एक न्यूट्रोन का शोषण करता है, तो यह हीलियम और ट्राइटियम के नाभिकों में विभक्त हो जाता है। साथ ही, इस प्रक्रिया में काफी ऊर्जा का उत्सर्जन होता है। अब कल्पना कीजिए कि लीथियम और ड्यूटेरियम (भारी हाइड्रोजन) के यौगिक का ईंधन के रूप में इस्तेमाल किया जाता है। विखंडन यानी एटमी विस्फोट में पैदा होने वाले न्यूट्रोन कण लीथियम को तोड़कर ट्राइटियम का सृजन करेंगे। तब एटमी विस्फोट से पैदा हुए उच्च ताप में यौगिक में मौजूद ड्यूटेरियम का और लीथियम के टूटने से पैदा हुए ट्राइटियम का संलयन हो जाएगा। अन्य शब्दों में, ऊर्जा-उत्पादन की कई क्रियाएं सम्पन्न होंगीः पहले लीथियम का विखंडन होगा, फिर ड्यूटेरियम के साथ ड्यूटेरियम का संलयन होगा, और फिर ड्यूटेरियम और ट्राइटियम का संलयन होगा।

इन क्रियाओं में ऊर्जा की विशाल मात्रा का तो उत्सर्जन होता ही है, भारी संख्या में अतिरिक्त न्यूट्रोनों का भी सृजन होता है। बम-निर्माताओं ने इन अतिरिक्त न्यूट्रोनों के उपयोग के लिए एक युक्ति खोजी। इन तीव्र न्यूट्रोनों से क्यों न यूरेनियम-238 को विखंडित किया जाए? कल्पना कीजिए एक ऐसे हाइड्रोजन-बम की जिसके केंद्र में यू-235 के विखंडन विस्फोट (दियासलाई) की व्यवस्था की गई है, फिर उसके चहुं ओर लीथियम ड्यूटेराइड की विस्फोटक द्रव्यराशि स्थापित की गई है, और फिर इन सबके चहुं ओर यू-238 का आवरण (ब्लैंकेट) चढ़ाया गया है। यू-238 के इस आवरण को इच्छानुसार काफी मोटा बनाया जा सकता है, क्योंकि इसमें एकाएक शृंखलाबद्ध अभिक्रिया शुरू नहीं हो सकती।

अंततः अमेरिका ने लीथियम-ड्यूटेराइड पर आधारित हाइड्रोजन-बम बना ही लिया। प्रशांत महासागर के मार्शल द्वीप-समूह के बिकिनी स्थान पर 1 मार्च,

चित्र : परि.-4.25: अमेरिका द्वारा 1 नवम्बर, 1952 को प्रशांत महासागर के एक प्रवाल द्वीप पर अपने पहले हाइड्रोजन-बम का विस्फोट।

1954 को 3 बजे तड़के इस नए बम का परीक्षण हुआ। यह हाइड्रोजन-बम करीब 15 मेगाटन शक्ति का था। इस महाविस्फोट में पैदा हुए रेडियोधर्मी कणों की दूर-दूर तक वर्षा हुई। उसी क्षेत्र में मौजूद 'लकी ड्रैगन' नामक जापानी

मत्स्य-नौका में सवार 23 मछुआरे भी रेडियोधर्मी वर्षा की चपेट में आ गए। बाद में उनमें से एक, रेडियोमैन, कुबोयामा की मृत्यु हो गई और शेष सभी का स्वास्थ्य जीवनभर के लिए चौपट हो गया!

सन् 1954 से अमेरिका, भूतपूर्व सोवियत संघ और इंग्लैंड में हाइड्रोजन-बम अधिकाधिक संख्या में बनते गए। सन् 1967 में, परमाणु बम बनाने के केवल तीन साल बाद, चीन ने भी अपना हाइड्रोजन-बम बना लिया। भूतपूर्व सोवियत संघ ने 50 से 100 मेगाटन तक शक्ति के हाइड्रोजन-बमों के परीक्षण किए हैं। अमेरिका ने भी ऐसे और इससे भी अधिक शक्तिशाली बमों का निर्माण किया है।

वर्तमान सदी के आठवें दशक में एक नए किस्म के तापनाभिकीय या हाइड्रोजन-बम का विकास हुआ। इसमें विस्फोट का प्रभाव न्यूनतम और विकिरण का प्रभाव महत्तम रहता है। परिणामतः ऐसे बम में संपत्ति को तो कम क्षति पहुंचती है, परंतु जनहानि बहुत अधिक होती है। इन्हें **न्यूट्रोन बम** का नाम दिया गया है।

जैसा कि पहले बताया गया है, 11 मई को पोखरण में किए गए तीन बमों के विस्फोट में एक हाइड्रोजन-बम था। चूंकि तीनों बमों का विस्फोट एक साथ हुआ, इसलिए अकेले हाइड्रोजन-बम का विस्फोट 45 किलोटन से कुछ कम का भी हो सकता है। यह नहीं बताया गया है कि यह हाइड्रोजन-बम ड्यूटेरियम-ट्राइटियम के ईंधन पर आधारित था अथवा लीथियम-ड्यूटेराइड के ईंधन पर। जो भी हो, 40-50 किलोटन शक्ति के हाइड्रोजन-बम का निर्माण एक नई उपलब्धि मानी जाएगी। दूसरे देशों में ज्यादातर एक से अधिक मेगाटन शक्ति के ही हाइड्रोजन-बम बनाए गए हैं।

दूसरे महायुद्ध के दौरान हिरोशिमा और नागासाकी पर हवाई जहाजों से परमाणु बम डाले गए थे। अब इन्हें प्रेषित करने के लिए अंतरमहाद्वीपीय प्रक्षेपास्त्रों का इस्तेमाल होता है। अमेरिका और रूस ने ऐसे कई किस्म के शक्तिशाली प्रक्षेपास्त्रों का निर्माण कर लिया है। चीन ने भी 11,000 किलोमीटर दूरी तक मार करने वाले प्रक्षेपास्त्रों का विकास कर लिया है। भारत में अब तक जिन प्रक्षेपास्त्रों का परीक्षण हुआ है वे 2500 किलोमीटर की दूरी तक मार कर सकने में समर्थ होंगे। पाकिस्तान में बनाया गया 'गोरी' नामक प्रक्षेपास्त्र 1500 किलोमीटर तक पहुंच सकता है।

कुल मिलाकर यही है दुनिया में आज तक विकसित किए महाविध्वंसक नाभिकीय अस्त्रों और प्रक्षेपास्त्रों की स्थिति।

परिशिष्ट-5

प्लूटोनियम की राजनीति

कुछ सालों पहले प्लूटोनियम के खतरों को खूब बढ़ा-चढ़ा कर प्रस्तुत किया जा रहा था, विशेषतः अमेरिका में। अमेरिका के राष्ट्रपति कार्टर ने प्लूटोनियम के उत्पादन पर रोक लगाने की नीयत से एक नई नीति की घोषणा की थी। इस नीति की आड़ में अमेरिका विकासशील देशों में प्लूटोनियम के उत्पादन पर अंकुश लगाना चाहता था। अमेरिका की इस नई चाल को समझने के लिए प्लूटोनियम के बारे में कुछ बातें जानना जरूरी है।

आज हमें केवल दो ही ऐसे तत्वों की जानकारी है जिनके परमाणुओं में रद्दोबदल करके ऊर्जा प्राप्त की जा सकती है। ये दो तत्व हैं–यूरेनियम और थोरियम। यूरेनियम के दो घटक हैं–यू-235 के विखंडन से ऊर्जा प्राप्त होती है और यू-238 के परमाणु एक नए तत्व प्लूटोनियम में रूपांतरित हो जाते हैं। इस प्रकार प्लूटोनियम एक मानव निर्मित चीज है, यह प्रकृति में उपलब्ध नहीं है। मजे की बात यह है कि यू-235 की तरह प्लूटोनियम भी एक बढ़िया परमाणु ईंधन है। इससे बम बनाए जा सकते हैं, इससे बिजली पैदा की जा सकती है। लेकिन स्मरण रहे कि इसका निर्माण रिएक्टरों में स्थापित किए गए यूरेनियम से भी होता है।

थोरियम से सीधे ऊर्जा प्राप्त करना संभव नहीं है। रिएक्टरों में स्थापित किए जाने से प्राप्त होने वाला प्लूटोनियम यूरेनियम 233

में बदल जाता है, जो यू-235 और प्लूटोनियम की तरह एक परमाणु ईंधन है।

सारांश यह है कि प्राकृतिक यूरेनियम और थोरियम अपने आप में सक्षम परमाणु ईंधन नहीं हैं। विशेष रिएक्टरों में और विशिष्ट विधियों से ही इन्हें प्लूटोनियम और यूरेनियम-233 जैसे अधिक सक्षम परमाणु ईंधनों में बदल कर आसानी से ऊर्जा प्राप्त की जा सकती है।

तथ्य यह है कि यूरेनियम के बारे में सबसे धनी देश अमेरिका है, तो थोरियम के सबसे बड़े भंडार भारत में हैं। अमेरिका लंबे समय तक अपने यूरेनियम के भंडारों का उपयोग करता रह सकता है। इसलिए अमेरिका के राष्ट्रपति की नई नीति से वे देश अधिक प्रभावित होंगे जिनके पास पर्याप्त यूरेनियम नहीं है। यूरेनियम का पूरा-पूरा इस्तेमाल करने के लिए इसके 99 प्रतिशत से भी अधिक हिस्से वाले यू-238 घटक को प्लूटोनियम में बदलना जरूरी हो जाता है। अमेरिका इसी प्लूटोनियम के उत्पादन पर रोक लगा रहा था। साथ ही, अमेरिका तीव्रजनक रिएक्टरों के विकास पर रोक लगा रहा था। हम जानते हैं कि इन रिएक्टरों की मदद से ही यूरेनियम-238 को प्लूटोनियम में बदल कर इस साधन का ऊर्जा के लिए पूरा-पूरा इस्तेमाल संभव है। इसके अलावा इन्हीं तीव्रजनक रिएक्टरों में प्लूटोनियम और थोरियम के मिश्रण को स्थापित करके विपुल मात्रा में ऊर्जा प्राप्त की जा सकती है। तात्पर्य यह है कि हमारे सीमित यूरेनियम भंडारों का और विपुल थोरियम भंडारों का समुचित उपयोग करने के लिए हमें प्लूटोनियम की आवश्यकता है। शांतिमय विस्फोटों के लिए भी हमें प्लूटोनियम की जरूरत है, क्योंकि विस्फोटों के लिए जैसे यूरेनियम की जरूरत पड़ती है, वैसा अतिसंवर्धित यूरेनियम तैयार करने में हम समर्थ नहीं।

प्लूटोनियम के उत्पादन पर रोक लगाने के लिए सबसे बड़ी दलील यह दी जाती है कि यह एक अत्यंत खतरनाक पदार्थ है। निश्चय ही प्लूटोनियम एक अत्यंत विषैला पदार्थ है। मानव-शरीर पर इसके घातक परिणाम होते हैं। इसे नष्ट करना भी संभव नहीं है। करीब 25 हजार साल गुजरने के बाद ही इसका आधा अंश अपने आप नष्ट होता है। इसको संभालकर रखने में भी अनेक कठिनाइयां हैं।

पर इनमें से कई खतरों के समाधान खोजे गए हैं, खोजे जा रहे हैं। प्लूटोनियम का सबसे अधिक उत्पादन करने वाला देश अमेरिका यदि अब इन खतरों की दुहाई देता है, तो इसके पीछे स्पष्ट रूप से एक बनिया की चाल है। अमेरिका चाहता है कि दूसरे देश प्लूटोनियम का उत्पादन न करके अमेरिका के यूरेनियम के मुहताज बने रहें, जैसा कि हम इस समय तारापुर के मामले

में हैं। अमेरिका के पास प्लूटोनियम का भारी भंडार जमा हो गया है। इसलिए परमाणु बिजलीघरों की जली 'राख' को यह कुछ समय तक जमा करता रह सकता है और अवसर आने पर इससे प्लूटोनियम पृथक कर लेगा। पर फिलहाल अमेरिका का व्यापारी हित इसी में है कि दूसरे देशों में प्लूटोनियम का उत्पादन कम हो और अमेरिकी यूरेनियम मनमाने दाम पर बिकता रहे। फ्रांस, पश्चिम जर्मनी और जापान जैसे देश अमेरिका की इस चाल को समझते हैं।

अमेरिका हमारे देश पर भी दबाव डालना चाहता था। इसीलिए उसने तारापुर को भेजा जाने वाला संवर्धित यूरेनियम रोक रखा था। मोरारजी भाई ने प्रधानमंत्री बनते ही घोषित कर दिया है कि यदि शांतिमय कार्यों के लिए परमाणु विस्फोटों की कोई उपयोगिता नहीं है, तो हम ऐसे विस्फोट नहीं करेंगे। पर हम जानते हैं कि भविष्य में ऐसे विस्फोटों की उपयोगिता है और हमारे देश के थोरियम भंडारों का इस्तेमाल करने के लिए हमें प्लूटोनियम और तीव्रजनक रिएक्टरों की भी जरूरत है। निजी स्रोतों पर आधारित हमारा परमाणु-ऊर्जा का प्रोग्राम खूब सोच-समझ कर बनाया गया है। अमेरिका की नई शर्तें स्वीकार करके हम अपने इस प्रोग्राम को बदल नहीं सकते, भले ही तारापुर के बारे में हमें दूसरे विकल्प खोजने पड़ें।

परिशिष्ट-6

फास्ट ब्रीडर रिएक्टर

फास्ट ब्रीडर रिएक्टर एक जादू-जैसी चीज है। इस रिएक्टर में जितना परमाणु-ईंधन स्थापित किया जाता है, उससे कहीं अधिक नया परमाणु-ईंधन प्राप्त होता है। यह कुछ वैसा ही है जैसे यदि किसी में 100 किलो नया ईंधन जलाया जाए, तो ऊर्जा प्राप्त होने के साथ-साथ 120 किलो नया ईंधन भी मिल जाता है। फास्ट ब्रीडर के इस जादू को समझने के लिए रिएक्टरों और उनमें इस्तेमाल होने वाले परमाणु-ईंधनों के बारे में कुछ बुनियादी बातें जान लेना जरूरी है।

परमाणु-ऊर्जा के लिए दो प्राकृतिक ईंधन हैं—यूरेनियम और थोरियम। प्राकृतिक यूरेनियम में दो प्रकार के परमाणु होते हैं—यू-234 और यू-238। प्राकृतिक यूरेनियम के मिश्रण में यू-235 के परमाणुओं की मात्रा केवल 07 प्रतिशत होती है, शेष 99.3 परमाणु यू-238 के होते हैं।

इस प्राकृतिक यूरेनियम में से केवल यू-235 के परमाणुओं को ही न्यूट्रोन-कणों से विखंडित करके ऊर्जा प्राप्त हो सकती है। प्राकृतिक यूरेनियम में से अल्पसंख्यक यू-235 के परमाणुओं को पृथक करना बड़ा खर्चीला और कठिन काम है। एटम-बम के लिए ऐसे यूरेनियम की आवश्यकता होती है जिसमें यू-235 की मात्रा करीब 95 प्रतिशत की हो। तारापुर परमाणु बिजलीघर के रिएक्टरों के लिए ऐसें यूरेनियम ईंधन की जरूरत है जिसमें

चित्र : परि.-6.1 : फास्ट ब्रीडर रिएक्टर

यू-235 की मात्रा को बढ़ाया या संवर्द्धित किया जाता है।

लेकिन राजस्थान और मद्रास के हमारे परमाणु बिजलीघरों के रिएक्टरों में प्राकृतिक यूरेनियम ईंधन का ही इस्तेमाल होता है। इन रिएक्टरों में प्राकृतिक यूरेनियम के यू-235 परमाणु विखंडित होकर ऊर्जा पैदा करते हैं, और यू-238 के परमाणु शनैः-शनैः एक नए तत्व प्लूटोनियम में बदल जाते हैं। हमारे देश के सायरस, ध्रुव आदि अनुसंधान रिएक्टरों में भी इसी प्रकार प्लूटोनियम तैयार किया जाता है। प्लूटोनियम एक मानव-निर्मित चीज है।

परमाणु रिएक्टरों में यू-238 से जो प्लूटोनियम तैयार होता है, वह किस काम आता है। यूरेनियम-235 की तरह प्लूटोनियम का भी बिजली प्राप्त करने के लिए रिएक्टरों में इस्तेमाल हो सकता है। प्लूटोनियम से एटम-बम भी बनाया जा सकता है। नागासाकी पर डाला गया एटम-बम प्लूटोनियम से ही बना था। हमारे देश में 1974 में पोखरण में किया गया परमाणु विस्फोट प्लूटोनियम पर ही आधारित था।

हमारे देश में आज जो रिएक्टर हैं वे परमाणु-ऊर्जा की हमारी दीर्घकालीन योजना के अनुसार प्रथम चरण के रिएक्टर हैं। इन रिएक्टरों में जो प्लूटोनियम तैयार हो रहा है उसका उपयोग दूसरे चरण के रिएक्टरों में होगा। ये दूसरे चरण के रिएक्टर फास्ट ब्रीडर रिएक्टर होंगे। कलपक्कम अब जो फास्ट ब्रीडर रिएक्टर बना है, वह प्रायोगिक दौर का इस किस्म का हमारे देश का पहला रिएक्टर

है। इसके साथ हमारा देश परमाणु-ऊर्जा की हमारी योजना के दूसरे चरण में प्रवेश कर रहा है।

फास्ट ब्रीडर रिएक्टर में प्राकृतिक यूरेनियम और प्लूटोनियम मिश्रित ईंधन स्थापित किया जाता है। ऐसे रिएक्टर में परमाणुओं को विखंडित करने के लिए फास्ट यानी तीव्र गति वाले न्यूट्रोनों का उपयोग होता है। एक तीव्र न्यूट्रोन जब प्लूटोनियम के परमाणु को विखंडित करता है तो 3 नए न्यूट्रोन जन्म लेते हैं। इनमें से औसतन 12 न्यूट्रोन प्लूटोनियम के दूसरे परमाणु को तोड़कर ऊर्जा पैदा करते हैं। शेष 18 न्यूट्रोन मिश्रित ईंधन के यूरेनियम-238 के परमाणुओं को प्लूटोनियम में रूपांतरित कर देते हैं।

इस प्रकार, इन फास्ट ब्रीडर रिएक्टरों में जहां एक ओर प्लूटोनियम के 12 परमाणु विखंडित होकर ऊर्जा पैदा करते हैं, वहां यू-238 के रूपांतरण से प्लूटोनियम के 18 नए परमाणु जन्म लेते हैं। अन्य शब्दों में, फास्ट ब्रीडर रिएक्टर में जितना परमाणु ईंधन जलता है उससे डेढ़ गुना नया ईंधन पैदा होता है। फिलहाल सिर्फ ऐसे ही ब्रीडर बनाना संभव हुआ है जिनमें यदि 100 किलो ईंधन जलता है, तो 120 किलो नया ईंधन पैदा हो सकता है।

यही है फास्ट ब्रीडर रिएक्टर का बुनियादी सिद्धांत। इन रिएक्टरों में जितना प्लूटोनियम खर्च होता है, उससे अधिक नया प्लूटोनियम जन्म लेता है। इसलिए इन्हें ब्रीडर यानी प्रजनक कहते हैं। इनमें तीव्र न्यूट्रानों का इस्तेमाल होता है, इसलिए ये फास्ट ब्रीडर रिएक्टर यानी तीव्र जनक कुंड कहलाते हैं। पहले हमने बताया है कि यूरेनियम की तरह थोरियम भी एक बुनियादी परमाणु-ईंधन है। थोरियम भंडारों के मामले में भारत दुनिया का सर्वाधिक सम्पन्न देश है। समुद्र तट की मोनाजाइट रेत में यह थोरियम पाया जाता है। लेकिन इस प्राकृतिक थोरियम का ऊर्जा प्राप्त करने के लिए सीधे इस्तेमाल नहीं हो सकता। इसे एक नए किस्म के यू-233 में बदला ज़ाता है, तभी यह एक परमाणु ईंधन बनता है।

फास्ट ब्रीडर रिएक्टर में ईंधन के रूप में प्लूटोनियम को स्थापित करने के बाद उसके इर्द-गिर्द ब्लैंकेट के रूप में प्राकृतिक यूरेनियम या प्राकृतिक थोरियम को रखा जाए, तो ये दोनों चीजें क्रमशः प्लूटोनियम और यू-233 में बदल जाती हैं। तब इन दोनों नई चीजों को पुनः रिएक्टर में रखकर ऊर्जा प्राप्त की जा सकती है।

अंत में एक ऐसा दौर आ गया है जब रिएक्टर के केंद्रभाग में ऊर्जा प्राप्त करने के लिए यू-233 को रखा जा रहा है और ब्लैंकेट के रूप में उसके चहुं

ओर प्राकृतिक थोरियम को स्थापित किया जा रहा है। इस व्यवस्था में यू-233 से ऊर्जा मिलती है और साथ ही ब्लैंकेट का प्राकृतिक थोरियम नए परमाणु-ईंधन यू-233 में बदलता है। इस व्यवस्था को थोरियम चक्र का नाम दिया गया है। हमारे देश के तीसरे चरण के रिएक्टर इसी थोरियम-चक्र पर आधारित है। और अब हम अपने थोरियम भंडारों का व्यापक इस्तेमाल कर रहे हैं।

कलपक्कम के फास्ट ब्रीडर रिएक्टर के लिए जो ईंधन तैयार किया गया है उसमें 30 प्रतिशत यूरेनियम ऑक्साइड है और 70 प्रतिशत प्लूटोनियम ऑक्साइड। इस रिएक्टर की ऊर्जा को बाहर लाने के लिए द्रव सोडियम का उपयोग होता है। सोडियम से बाहर आई इस ऊर्जा से भाप बनेगी, जनरेटर चलेंगे और बिजली पैदा होगी। कलपक्कम का यह प्रायोगिक फास्ट ब्रीडर रिएक्टर 15 मेगावाट शक्ति का है।

परिशिष्ट-7

परमाणु विस्फोट (क्या और क्यों?)

राजस्थान में पोखरण पहाड़ी के मरुक्षेत्र में 18 मई, 1974 को भारतीय वैज्ञानिकों ने अपनी एक नवनिर्मित परमाणु युक्ति का पहली बार परीक्षण किया। यह परीक्षण धरातल के 100 मीटर नीचे किया गया। विस्फोट के साथ कुछ बालू व मिट्टी ऊपर उड़ी और घटनास्थल पर एक छोटा-सा कृत्रिम टीला बनकर तैयार हो गया। ऐसे भूमिगत परमाणु परीक्षण में टीले के नीचे अक्सर एक गुफा तैयार हो जाती है। घातक विकिरण अथवा रेडियोधर्मी धूल वायुमंडल में नहीं के बराबर फैली। इस परमाणु परीक्षण ने न किसी की जान ली और न किसी को जख्मी किया। यह एक उपयोगी परीक्षण था, शांतिमय कार्य के लिए समर्पित परीक्षण था! वस्तुतः भारत का यह परमाणु परीक्षण उस नए उपयोगी विज्ञान के अंतर्गत आता है जिसे हम **नाभिकीय विस्फोटक इंजीनियरी कहते हैं।**

किंतु, जैसा कि स्वाभाविक भी था, भारत के परमाणु परीक्षण ने देश-विदेश में बहुतों को प्रभावित किया। काफी हद तक इस प्रभाव के कारण राजनीतिक हैं, मनोवैज्ञानिक हैं। परंतु, लगता है कि अधिकांश गलतफहमियां परमाणु विज्ञान के विकासक्रम तथा इसकी उपलब्धियों को ठीक से न समझ पाने के कारण ही हैं। यह बड़े आश्चर्य की बात है कि संसार के पहले परमाणु बम के विस्फोट को आज करीब अड़तीस साल हो गए हैं, फिर भी

चित्र : परि.-7.1 : परमाणु शक्ति आयोग के प्रथम अध्यक्ष डॉ. भाभा श्री नेहरू को योजना समझाते हुए (ऊपर)। डॉ. साराभाई (दाएं)।

परमाणु बम की निर्माण प्रक्रिया के साथ 'गुप्त' शब्द जुड़ा हुआ है। संभवतः इसी कारण आज भी बहुत-से लोग परमाणु विस्फोट को एक अजूबा समझते हैं। दरअसल, परमाणु विज्ञान से संबंधित कोई भी सैद्धांतिक विवेचन आज गुप्त नहीं है। जो वैज्ञानिक तारापुर या राणा प्रताप सागर बिजलीघरों के परमाणु कुंडों में अथवा तुर्भे (ट्रांबे) स्थित प्रायौगिक कुंडों में यूरेनियम तथा प्लूटोनियम जैसे ईंधनों से परमाणु-ऊर्जा प्राप्त कर सकते हैं, वे उसी परमाणु ईंधन का एक विशिष्ट युक्ति में संयोजन करके सारी ऊर्जा को एक क्षणांश में विस्फोट के रूप में प्राप्त कर ही सकते हैं। और, ठीक यही हुआ है। भारत ने पहली बार ऐसा प्रयोग किया, परमाणु विस्फोट का सफल प्रयोग करने वाला भारत संसार का छठा देश बना, इसीलिए इस परीक्षण का कुछ विशेष महत्व है। भारतीय वैज्ञानिक ऐसे उपयोगी परीक्षण आगे भी करेंगे। परमाणु-ऊर्जा आयोग के अध्यक्ष डॉ. सेठना ने सूचित किया है कि इन परीक्षणों की जानकारी वैज्ञानिक पत्रिकाओं में भी प्रकाशित होगी। इसलिए हम सबके लिए आज यह जानना जरूरी हो गया है कि परमाणु-ऊर्जा को नियंत्रित एवं स्फोटक रूप में उत्सर्जन कर सकने वाली युक्तियों का संयोजन किस प्रकार संभव है और इनके लाभ क्या हैं। प्रस्तुत लेख में आगे इन्हीं वैज्ञानिक बातों का संक्षिप्त विवेचन है।

भारत में परमाणु प्रतिष्ठान

अब सभी जानते हैं कि द्रव्य की सबसे छोटी इकाई परमाणु है। परमाणु के भीतर एक **नाभिक** होता है और कम-अधिक संख्या में **इलेक्ट्रोन** नामक ऋणावेशी कण इस नाभिक की परिक्रमा करते रहते हैं। परमाणु का अधिकांश द्रव्य इसके नाभिक में समाया रहता है और यह मुख्यतः दो प्रकार के कणों से बना होता है–

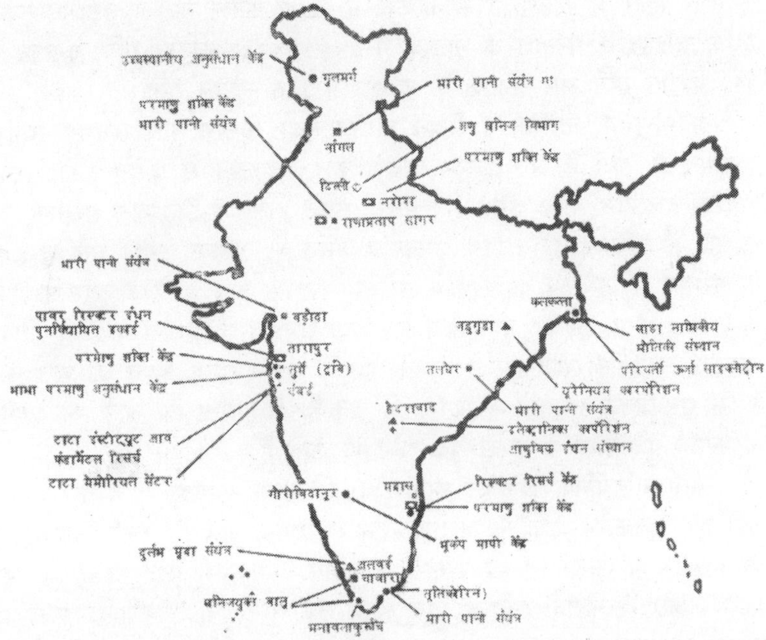

धनावेशी प्रोटोन और आवेश-रहित न्यूट्रोन। प्रत्येक तत्व के अपने विशिष्ट परमाणु होते हैं। किसी भी परमाणु में उतने ही प्रोटोन रहते हैं, जितने कि इलेक्ट्रोन। जैसे, सामान्यतः हाइड्रोजन के परमाणु में एक प्रोट्रोन तथा एक इलेक्ट्रोन रहता है और यूरेनियम के परमाणु में 92 प्रोटोन तथा इतने ही इलेक्ट्रोन। एक ही तत्व के परमाणु के नाभिक में न्यूट्रोनों की संख्या न्यूनाधिक हो सकती है। न्यूट्रोनों की इसी न्यूनाधिक संख्या के कारण एक ही तत्व के कई प्रकार के परमाणु प्राप्त होते हैं। इन्हें आइसोटोप अथवा समस्थानिक कहते हैं। जैसे, हाइड्रोजन के तीन प्रकार के परमाणु हैं—प्रोटियम, ड्यूटेरियम तथा टिटियम। यूरेनियम तत्व के तीन प्रकार के परमाणु खोजे गए हैं, जिन्हें हम यू-235, यू-238 तथा यू-234 के रूप में जानते हैं।

यूरेनियम के इन तीनों प्रकार के परमाणुओं में इलेक्ट्रोनों अथवा प्रोटोन-कणों की संख्या, जो कि 92 है और जो कि इस तत्व की पहचान कराने वाली संख्या है, स्थिर रहती है। परंतु यूरेनियम के नाभिक में न्यूट्रोनों की संख्या कम-अधिक हो सकती है। ऊपर यू के आगे जो संख्या आई है, वह यूरेनियम के तीन प्रकार के परमाणुओं में प्रोटोन तथा न्यूट्रोन कणों के जोड़ की द्योतक है। चूंकि यूरेनियम

के सभी प्रकार के परमाणुओं के नाभिकों में 92 ही प्रोटोन रहते हैं, इसलिए स्पष्ट है कि यू-234 के परमाणु के नाभिक में 234-92=142 न्यूट्रोन रहेंगे, यू-235 में 143 न्यूट्रोन रहेंगे और यू-238 के नाभिक में 146 न्यूट्रोन रहेंगे।

परमाणु के नाभिक में स्थित प्रोटोन तथा न्यूट्रोन कण लगभग समान द्रव्यमान के होते हैं और इनका प्रत्येक कण इलेक्ट्रोन से करीब 1800 गुना अधिक द्रव्यमान वाला होता है। इससे स्पष्ट होता है कि जिस परमाणु के नाभिक में अधिक न्यूट्रोन होंगे, उसका द्रव्यमान भी अधिक होगा। जैसे, यू-235 के परमाणु में यू-234 के परमाणु से कुछ अधिक द्रव्य होता है और यू-238 में यू-235 से भी अधिक द्रव्य होता है। प्रायः सभी तत्वों के ऐसे कुछ न्यूनाधिक भार वाले परमाणु खोजे गए हैं। इनके बारे में जानने योग्य महत्व की बात यह है कि रासायनिक गुणधर्मों में ये एक से होते हैं, परंतु जैसा कि आगे हम देखेंगे, नाभिकीय प्रक्रियाओं में इनके भेद स्पष्ट हो जाते हैं।

सारी रासायनिक प्रक्रियाएं परमाणुओं की बाहरी सीमाओं में चक्कर काटने वाले कुछ इलेक्ट्रोन कणों के आदान-प्रदान से संपन्न होती हैं। रासायनिक ऊर्जा के उत्सर्जन या अवशोषण का परमाणु के केंद्रीय नाभिक पर कोई भी प्रभाव नहीं पड़ता। और, उन्नीसवीं सदी के अंत समय तक मानव केवल रासायनिक ऊर्जा का ही इस्तेमाल करता रहा। वर्तमान सदी के आरंभिक चार दशकों में वैज्ञानिकों ने परमाणु के नाभिक रचना तथा उसमें समाई हुई अपार ऊर्जा के बारे में काफी सैद्धांतिक तथा कुछ प्रायोगिक जानकारी प्राप्त की। फिर, दूसरे महायुद्ध के समय में परमाणु के नाभिक में समाई हुई इस ऊर्जा–नाभिकीय ऊर्जा–को बाहर लाने में भी सफलता मिली। यहां हमें इसी ऊर्जा के बारे में कुछ बातें जाननी हैं।

नाभिकीय ऊर्जा

परमाणु का नाभिक अपने में एक अनोखा संसार है। यह परमाणु में बहुत थोड़ी जगह घेरता है, परंतु परमाणु का लगभग सारा द्रव्य इसी नाभिक में समाया रहता है। ऊपर जैसा कि बता चुके हैं, यह नाभिक मुख्यतः दो प्रकार के कणों से बनता है–प्रोटोन व न्यूट्रोन। वस्तुतः अब तक वैज्ञानिकों ने नाभिक के भीतर विभिन्न गुणधर्मों वाले सौ से भी अधिक कण खोजे हैं। यही कण नाभिक के भीतर समाई हुई ऊर्जा तथा नाभिक के भीतर के विशिष्ट बलों को निर्धारित करते हैं।

सर्वविदित है कि पिछली सदी के अंतिम दशक में मारी क्यूरी ने रेडियम नामक एक ऐसे तत्व की खोज की, जिसके नाभिक से विशिष्ट प्रकार की किरणें

बाहर आती रहती हैं। विकिरण के इस प्रकार के उत्सर्जन को हम रेडियधर्मिता कहते हैं। रेडियम तत्व के परमाणुओं से अपने-आप जिन कणों (या किरणों) का उत्सर्जन होता है, उन्हें मारी क्यूरी ने क्रमशः **अल्फा**, **बीटा** तथा **गामा** किरणों के नाम दिए। आधुनिक भौतिकी की धारणाओं के अनुसार इन्हें हम विकिरण भी कह सकते हैं और इन्हें कण भी कह सकते हैं। जैसे, अल्फा विकिरण हीलियम के नाभिक से बना होता है, अर्थात यह दो प्रोटोन तथा दो न्यूट्रोन कणों से बना होता है। परमाणु के नाभिक से ऐसे कण जब बाहर आते हैं, तो उसके द्रव्य का कुछ क्षय होता है और वह परमाणु दूसरे तत्व के परमाणु में बदल जाता है। संक्षेप में, मारी क्यूरी ने पहली बार एक ऐसे प्राकृतिक तत्व की खोज की, जिसके परमाणु-द्रव्य का निरंतर 'क्षय' होता रहता है। यहां सही शब्दों का इस्तेमाल करके यही कहना ठीक होगा कि, नाभिकीय द्रव्य का विकिरण अथवा ऊर्जा में रूपांतरण होता रहता है।

चित्र : परि.-7.2 : वर्तमान अध्यक्ष : डॉ. सेठना

वस्तुतः द्रव्य तथा ऊर्जा एक ही सत्ता के दो रूप हैं। द्रव्य ऊर्जा में बदल सकता है, और ऊर्जा द्रव्य में। और, वर्तमान सदी के प्रथम दशक में महान् आइंस्टाइन ने हमें एक सरल सूत्र दिया है, जिससे जानकारी मिलती है कि कितना द्रव्य कितनी ऊर्जा के तुल्य है। फिर, दूसरे दशक में इंग्लैंड के भौतिकवेत्ता रदरफोर्ड को प्रायोगिक रूप से परमाणु के नाभिक के भीतर थोड़ा झांककर देखने में सफलता मिली। दूसरी तरफ, रेडियम जैसे प्राकृतिक रेडियधर्मी तत्व, स्वल्प मात्रा में ही सही, अपनी नाभिकीय ऊर्जा का सतत उत्सर्जन कर रहे थे और इस ऊर्जा से कई व्याधियों का इलाज भी हो रहा था। परंतु कृत्रिम रूप से नाभिकीय ऊर्जा को प्राप्त करने में अभी वैज्ञानिकों को सफलता नहीं मिली थी। सचाई यह है कि इस दिशा में विशेष प्रयत्न भी नहीं हुए, क्योंकि उस समय किसी को भी इस बात का अंदाजा नहीं था कि कृत्रिम रूप से विशाल पैमाने

पर नाभिकीय ऊर्जा प्राप्त की जा सकती है।

पुराने जमाने के कीमियागरों ने एक तत्व को दूसरे तत्व में बदलने के लिए बहुत सारे प्रयोग किए थे, किंतु किसी को भी सफलता नहीं मिली। परंतु अब सारी दुनिया देख रही थी कि स्वयं प्रकृति ही तत्वों के रूपांतरण का यह काम करती रहती है। रेडियम जैसे तत्व ऊर्जा का सतत उत्सर्जन करते हैं और शनैः-शनैः दूसरे तत्वों में बदलते जाते हैं। तो क्या ऐसे ही कुछ कृत्रिम रूप से कर पाना संभव नहीं है? स्पष्ट है कि परमाणु नाभिक को कृत्रिम रूप से विखंडित करके ही ऐसा कुछ किया जा सकता है।

इतालवी वैज्ञानिक एनरिको फर्मी ने 1934 ई. में इस क्षेत्र में कुछ महत्वपूर्ण प्रयोग किए। तरुण फर्मी तथा उनके सहयोगियों ने विभिन्न तत्वों के नाभिकों को भेदने के प्रयोग शुरू कर दिए। नाभिक पर चोट करने के लिए उन्होंने 'गोली' के रूप में न्यूट्रोन नामक कणों का चयन किया। हम बता चुके हैं कि ये न्यूट्रोन कण नाभिक के घटक होते हैं और आवेश-रहित होते हैं। आवेश-रहित होने से ऋणावेशी इलेक्ट्रोन अथवा धनावेशी प्रोटोन इन्हें प्रभावित नहीं करते। द्रव्यमान की दृष्टि से ये न्यूट्रोन-कण प्रोटोन से स्वल्पांश में ही भारी होते हैं। परमाणु के नाभिक के बाहर ये न्यूट्रोन कण अस्थाई रहते हैं, इनका अर्ध-जीवनकाल करीब 12 मिनट का होता है। तदनंतर ये इलेक्ट्रोन तथा न्यूट्रोन नामक कणों का उत्सर्जन करके प्रोटोनों में बदल जाते हैं। नाभिक के बाहर ऐसे आजाद न्यूट्रोन कण बेरिलियम नामक धातु से प्राप्त किए जा सकते हैं। न्यूट्रोन कण के बारे में यह जानकारी बड़े महत्व की है, क्योंकि इन्हीं के प्रयोग से यूरेनियम तथा प्लूटोनियम के नाभिकों का विखंडन करके ऊर्जा प्राप्त करना संभव हुआ है।

एनरिका फर्मी ने न्यूट्रोन कणों से विभिन्न तत्वों के नाभिकों पर चोट करने के प्रयोग शुरू कर दिए। उन्हें आंशिक सफलता मिली। इस बीच उन्हें यह भी पता चला कि न्यूट्रोन कणों के वेग को कम करने से, प्रति सेकंड 16 हजार किलोमीटर वेग की बजाय प्रति सेकंड करीब एक-दो किलोमीटर वाले वेग से परमाणु के नाभिक को आसानी से भेदा जा सकता है। संक्षेप में, नाभिक को भेदने के लिए तीव्र वेग वाले न्यूट्रोनों से धीमी गति वाले अथवा तापाय न्यूट्रोन अधिक उपयुक्त हैं। इस जानकारी के बाद फर्मी ने सबसे भारी प्राकृतिक तत्व यूरेनियम के नाभिक को न्यूट्रोन से भेदने का काम हाथ में लिया।

आज हम भलीभांति जानते हैं कि धीमी गति वाले न्यूट्रोन कण जब यूरेनियम के नाभिक को भेदते हैं, तो क्या होता है। शुद्ध प्राकृतिक यूरेनियम

धातु में मुख्यतः दो प्रकार के परमाणु होते हैं–यू-235 और यू-238। इसमें यू-235 का अंश एक प्रतिशत से भी कम होता है। प्राकृतिक यूरेनियम में एक हिस्सा यू-235 का होता है, तो 139 हिस्से यू-238 के। धीमी गति वाला न्यूट्रोन कण जब यू 235 के नाभिक को भेदता है, तो उसका विखंडन होता है। इस विखंडन प्रक्रिया में दो नए तत्वों के टुकड़े जन्म लेते हैं, दो नए न्यूट्रोन जन्म लेते हैं और विकिरण के रूप में काफी ऊर्जा बाहर आती है। दूसरी ओर, यही धीमी गति वाला न्यूट्रोन कण जब यू-238 के नाभिक को भेदता है, तो यह उसमें समा जाता है, फंस जाता है। परिणामतः जैसा कि हम पहले बता चुके हैं, यह न्यूट्रोन कण एक इलेक्ट्रोन का उत्सर्जन करता है और स्वयं प्रोटोन में बदल जाता है। तब यू-238 के उस नाभिक में 92 की बजाय 93 प्रोटोन हो जाते हैं। 93 प्रोटोनों वाला यह नाभिक अब एक नए तत्व का नाभिक है। जब सबसे भारी यूरेनियम तत्व की खोज हुई थी, तो तब खगोलविदों को सबसे दूर के यूरेनस ग्रह की ही जानकारी थी। इसीलिए उस समय तक के इस सबसे भारी तत्व को यूरेनियम नाम दिया गया था। अब यूरेनियम से भी अधिक भारी 93 प्रोटोनों वाले, परमाणु की खोज हुई, इसलिए इसे यूरेनस ग्रह के परे के नेपच्यून ग्रह के सादृश्य पर नेपच्यूनियम नाम दिया गया।

परंतु नेपच्यूनियम का नाभिक स्थायी नहीं रहता। करीब ढाई दिन बाद इसका एक न्यूट्रोन पुनः प्रोटोन में बदल जाता है, यानी एक ऐसा नया नाभिक बनता है जिसमें अब 94 प्रोटोन होते हैं। यह एक नए तत्व का नाभिक है। नेपच्यून के परे के प्लूटो ग्रह के आधार पर नेपच्यूनियम तत्व के परे के इस नए तत्व को नाम दिया गया–प्लूटोनियम। प्लूटोनियम प्रकृति में उपलब्ध नहीं है, यह एक मानव निर्मित तत्व है। सबसे महत्व की बात यह है कि इस तत्व का एक विशिष्ट परमाणु–प्लूटोनियम-239–नाभिकीय गुणधर्मों में यूरेनियम-235 जैसा ही होता है। अर्थात् प्लूटोनियम-239 से भी विखंडन प्रक्रिया द्वारा नाभिकीय ऊर्जा प्राप्त होती है।

ऊपर नाभिकीय ऊर्जा से संबंधित जिन मूलभूत बातों की हमने चर्चा की है, उनकी जानकारी 1940 ई. तक मिल चुकी थी। स्वयं एनरिको फर्मी ने विखंडन प्रक्रिया के बारे में अनेक बातों का उद्घाटन किया। उन्हें नेपच्यूनियम तथा प्लूटोनियम के अस्तित्व की भी जानकारी मिल गई थी, यद्यपि निस्संदिग्ध रूप से इन तत्वों की खोज तथा इनका नामकरण सन् 1940 में हुआ। इस बीच दूसरा महायुद्ध शुरू हो गया था। एनरिको फर्मी अमेरिका पहुंच गए थे। इटली, जर्मन, हालैंड तथा आस्ट्रिया के और अनेक वैज्ञानिक भी अमेरिका पहुंच गए

थे। इसी बीच 1939 ई. में बर्लिन स्थित केसर विल्हेल्म इंस्टीट्यूट के तीन वैज्ञानिकों की एक टोली को यूरेनियम के नाभिक का विखंडन करने में सफलता मिली। महत्व की बात यह है कि इनमें से एक वैज्ञानिक **लीजे माइट्नेर** इस विखंडन प्रक्रिया में बाहर आई अपार नाभिकीय ऊर्जा के महत्व को भलीभांति समझ गईं। इस प्रयोगशाला से चंद किलोमीटर की दूरी पर हिटलर की चांसलरी थी। यूरेनियम के विखंडन से जनित नाभिकीय ऊर्जा का सामरिक महत्व हिटलर को समझाया जाता तो क्या होता? विपरीत, नाभिकीय ऊर्जा के सामरिक महत्व की बात सुदूर अमेरिका में कई वैज्ञानिकों ने मिलकर प्रेसीडेंट रूजवेल्ट को समझाई। पर्ल हार्बर विध्वंस के बाद अमेरिका में परमाणु बम के निर्माण पर तेजी से कार्य होने लगा।

सन् 1940 ई. तक नाभिकीय भौतिकी से संबंधित जितनी भी गवेषणाएं हुई थीं, उनका विवरण वैज्ञानिक पत्रिकाओं में प्रकाशित हो चुका था। इस क्षेत्र में काम करने वाले चोटी के वैज्ञानिक अब अमेरिका पहुंच गए थे और परमाणु बम के निर्माण-कार्य में सहयोग दे रहे थे, इसलिए इन्होंने स्वेच्छा से ही अपनी गवेषणाएं 'गुप्त' रखने का निर्णय लिया। इस गोपनीयता का भंडाफोड़ हुआ अगस्त 1945 में, जब जापान के दो नगरों पर परमाणु बम डाले गए। बीच के चार-पांच वर्षों के 'गुप्तकाल' में अमेरिका में नाभिकीय ऊर्जा के बारे में जो कुछ कार्य हुआ, उसके बारे में आज रहस्यमय या गुप्त कुछ भी नहीं रह गया है। इसका एक स्पष्ट प्रमाण यह है कि 18 मई के दिन भारतीय वैज्ञानिकों ने जमीन के अंदर जिस स्वनिर्मित परमाणु युक्ति का परीक्षण किया है, उसकी रचना लगभग वैसी ही थी जैसी कि अमेरिका द्वारा पहली बार 16 जुलाई, 1945 को एलमोगोर्दो में किए गए गोपनीय परीक्षण के परमाणु बम की थी। 9 अगस्त, 1945 को नागासाकी पर डाला गया बम भी लगभग इसी प्रकार का और इतना ही शक्तिशाली था। उस समय अमेरिका युद्ध क्षेत्र से दूर था, वहां यूरोप के चोटी के नाभिकीय भौतिकवेत्ता एकत्र हो गए थे और अमेरिका तकनीकी साधन जुटाने में समर्थ था—इन्हीं सब कारणों से दूसरे महायुद्ध के दौरान इतनी जल्दी परमाणु बम का निर्माण संभव हुआ।

यूरेनियम : परमाणु-ऊर्जा का प्राथमिक ईंधन

चूंकि नाभिकीय ऊर्जा के ईंधन प्लूटोनियम-239 का निर्माण यूरेनियम से होता है, इसीलिए यूरेनियम को प्राथमिक नाभिकाय ईंधन कहते हैं। सीसे से भी करीब दो गुना भारी इस धातु की खोज 1841 ई. में हुई थी, परंतु 1940 ई. तक

इस तत्व का कोई विशेष उपयोग नहीं हुआ था। पिचब्लेंडे नामक जिस खनिज से मारी क्यूरी ने रेडियम का एक स्वल्पांश प्राप्त किया था, उसमें यूरेनियम का ऑक्साइड भी मिलता है। परंतु उस समय इस यूरेनियम ऑक्साइड को अनुपयोगी समझकर फेंक दिया जाता था। 1940 ई. के बाद यही चीज सबसे अधिक मूल्यवान बन गई।

धरातल में यूरेनियम धातु सीसे के बराबर मौजूद है, परंतु यह बड़ी बिखरी हुई है। अतः यूरेनियम ऑक्साइड बड़ी कठिनाई से ही प्राप्त होते हैं। हमारे देश में बिहार में यूरेनियम युक्त खनिज भंडार मिले हैं और वहीं पर जदुगुडा में यूरेनियम ऑक्साइड प्राप्त करने का कारखाना भी है। यूरेनियम एक विषैली धातु है और इसे अधिक मात्रा में शुद्ध रूप में प्राप्त करने में अनेक कठिनाइयां हैं। यूरेनियम खनिज के दस हजार भागों में से केवल सात भाग शुद्ध यूरेनियम प्राप्त होता है। फिर भी कठिनाई का अंत नहीं होता। यह तथाकथित शुद्ध यूरेनियम नाभिकीय ऊर्जा प्राप्त करने के लिए अनुपयोगी है। पहले हम बता चुके हैं कि प्राकृतिक यूरेनियम में तीन प्रकार के परमाणु पाए जाते हैं, जिनमें 99 प्रतिशत से अधिक परमाणु यूरेनियम-238 के होते हैं। यूरेनियम-235 नामक जिस परमाणु से नाभिकीय ऊर्जा प्राप्त की जाती है, उसका अंश प्राकृतिक यूरेनियम में एक प्रतिशत से भी कम होता है। प्राकृतिक यूरेनियम में इस यू-235 के अंश को तीन से पांच प्रतिशत बढ़ाने पर ऐसे संवर्धित यूरेनियम का परमाणु कुंडों (रिएक्टरों) में उपयोग हो सकता है। परमाणु बम के निर्माण के लिए ऐसा यूरेनियम चाहिए जिसमें यू-235 का अंक 90 से 95 प्रतिशत तक होता है, यानी परमाणु विस्फोट के लिए लगभग शुद्ध यू-235 की जरूरत होती है।

दो तत्वों को रासायनिक प्रक्रियाओं से अलग करने के अनेक उपाय हैं। परंतु एक ही तत्व के दो प्रकार के परमाणुओं को किस प्रकार अलग-अलग किया जाए? रासायनिक विधि से यह कार्य संभव नहीं है, क्योंकि रासायनिक दृष्टि से यूरेनियम के सभी प्रकार के परमाणु एक-से होते हैं। फिर भी उपाय है। यू-238 का परमाणु यू-235 के परमाणु से कुछ अधिक भारी होता है। भारत्व की इस विशेषता का उपयोग करके प्राकृतिक यूरेनियम से यू-238 को अलग करने या उसमें यू-235 का अंश बढ़ाने के तीन-चार तरीके खोजे गए हैं। ये अत्यंत खर्चीली एवं श्रमसाध्य विधियां हैं, इसलिए आज संसार के चंद धनी देश ही ऐसा यूरेनियम प्राप्त करने में समर्थ हैं जिससे परमाणु बम बनाए जा सकते हैं। भारत भी अभी इतना समर्थ देश नहीं है कि अपने बल पर ऐसा यूरेनियम तैयार कर सके जिससे परमाणु बम बनाए जा सकते हैं। भारत भी अभी इतना समर्थ देश नहीं है कि अपने बल पर ऐसी

यूरेनियम तैयार कर सके जिससे परमाणु बम बनाए जा सके। परमाणु कुंडों के लिए जो थोड़ा संवर्धित यूरेनियम आवश्यक होता है, उसे भी हमने आरंभ में अमेरिका, कनाडा तथा इंग्लैंड से प्राप्त किया था।

धीमी गति वाला न्यूट्रोन कण जब यूरेनियम के नाभिक से टकराता है, तो यह उसके दो टुकड़े करता है। साथ ही दो नए न्यूट्रोन कण जन्म लेते हैं। ये नवनिर्मित न्यूट्रोन दो नए यू-235 के नाभिकों को तोड़ने में समर्थ होते हैं। इस प्रकार, विखंडन की एक शृंखलाबद्ध प्रक्रिया शुरू हो जाती है। चूंकि धीमी रफ्तार वाले न्यूट्रोन ही यू-235 के नाभिकों को अधिक सफलतापूर्वक विखंडित कर सकते हैं, इसलिए नाभिकीय विखंडन में निर्मित तीव्र वेग वाले न्यूट्रोनों को मंद वेग वाले बनाने के लिए कुछ व्यवस्था करनी होती है। कार्बन (ग्रेफाइट) तथा ड्यूटेरियम (भारी पानी) के परमाणु तीव्र वेग वाले न्यूट्रोनों को मंद वेग वाले बनाते हैं। इसीलिए परमाणु कुंडों में ग्रेफाइट अथवा भारी पानी जैसे मंदकों का इस्तेमाल होता है।

आज संसार के अनेक देशों में करीब 200 परमाणु कुंड सक्रिय हैं। और इनमें प्राप्त परमाणु-ऊर्जा से जेनरेटर चलाकर बिजली प्राप्त की जाती है। परंतु 1942 ई. में अमेरिका में एनरिको फर्मी ने जो पहला परमाणु कुंड बनाया था, वह बिजली प्राप्त करने के लिए नहीं बना था। वह पहला प्रायोगिक परमाणु कुंड था और यूरेनियम की विखंडन प्रक्रिया से संबंधित कई सारी बातें जानने के लिए बनाया गया था। 2 दिसंबर, 1942 ई. के दिन इस परमाणु कुंड में शृंखलाबद्ध नाभिकीय प्रक्रिया शुरू हुई और परमाणु-ऊर्जा का नियंत्रित प्रवाह शुरू हुआ। उस दिन मानव जाति के इतिहास में एक नए युग की शुरुआत हुई। लेकिन उस समय अमेरिका में एकत्र हुए और नाभिकीय ऊर्जा के अनुसंधान में जुटे हुए सारे वैज्ञानिकों की शक्ति परमाणु बम के निर्माण में लगी हुई थी। एक तरफ विशाल कारखानों में लगभग शुरू यूरेनियम-235 प्राप्त करने के प्रयास हो रहे थे। दूसरी तरफ इस यूरेनियम के गुणधर्मों के बारे में अधिकाधिक जानकारी प्राप्त की जा रही थी। क्षणांश में यूरेनियम की नाभिकीय ऊर्जा बाहर आ जाए, इसके लिए उपाय खोजे जा रहे थे, युक्तियां खोजी जा रही थीं। साथ ही, एक अन्य परमाणु कुंड बनाया गया, जिसमें यूरेनियम को प्लूटोनियम में रूपांतरित करने की व्यवस्था की गई। इस प्रकार दूसरे महायुद्ध के दौरान अमेरिका में दोनों परमाणु ईंधनों पर बड़ी तेजी से काम हुआ और एक साथ इन दोनों ईंधनों से परमाणु बम बनाए गए।

क्रांतिक द्रव्यमान

यूरेनियम या प्लूटोनियम के नाभिकों का स्वतः शृंखलाबद्ध विखंडन होता रहे, इसके लिए परमावश्यक है कि एक नाभिक के विखंडन से पैदा हुए दो न्यूट्रोन दो नए नाभिकों का विखंडन करें। फिर जो चार नए न्यूट्रोन पैदा होंगे, वे चार नए नाभिकों का विखंडन करके आठ नए न्यूट्रोनों को जन्म दें, और यह प्रक्रिया आगे चलती रहे। इस प्रक्रिया में इस बात की संभावना रहती है कि यदि यूरेनियम या प्लूटोनियम की मात्रा काफी कम हो, तो नवनिर्मित न्यूट्रोन नए नाभिकों को भेदे बिना ही बाहर निकल सकते हैं। अतः यूरेनियम तथा प्लूटोनियम में विखंडन शृंखलाबद्ध प्रक्रिया को चालू करके उसे स्वतः सक्रिय बनाए रखने के लिए इन नाभिकीय ईंधनों की एक न्यूनतम मात्रा विद्यमान होनी ही चाहिए। इसे ही क्रांतिक द्रव्यमान कहते हैं। इस क्रांतिक द्रव्यमान का निर्धारण एक बड़ी कठिन बात है। नाभिकीय ऊर्जा को विस्फोट के रूप में प्राप्त करना हो, तो क्रांतिक द्रव्यमान का निर्धारण एक अत्यंत महत्व का प्रश्न बन जाता है। परमाणु बम के लिए अतिक्रांतिक द्रव्य (यूरेनियम-235 या प्लूटोनियम-239) की आवश्यकता होती है।

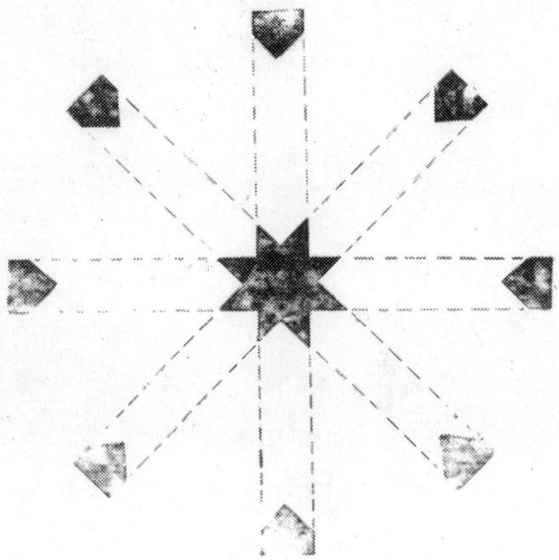

परमाणु बम

उपर्युक्त जानकारी के बाद अब परमाणु बम की रचना को समझने में विशेष कठिनाई नहीं होनी चाहिए। परमाणु बम यूरेनियम-235 या प्लूटोनियम-239 द्रव्य से बनता है। इसमें से किसी एक की क्रांतिक से अधिक अतिक्रांतिक द्रव्यमात्रा आवश्यक होती है। इसे दो या अनेक उपक्रांतिक टुकड़ों में एक खोल के भीतर स्थापित किया जाता है। और, ऐसी व्यवस्था की जाती है कि एक रासायनिक विस्फोट के बाद चंद माइक्रोसेकंड (दस लाख माइक्रोसेकंड = 1 सेकंड) में ये

सारे टुकड़े एक-दूसरे से टकरा जाएं। उसी समय उस एकत्र हुए अतिक्रांतिक द्रव्य में शृंखलाबद्ध प्रक्रिया संपन्न होकर एक भीषण विस्फोट के साथ नाभिकीय ऊर्जा का उत्सर्जन होता है। यह हुआ परमाणु बम की रचना का अत्यंत सरल परिचय। वास्तव में परमाणु बम या युक्ति की रचना तकनीकी दृष्टि से एक अत्यंत जटिल कार्य है। बहरहाल, भारतीय वैज्ञानिकों को इसमें भी सफलता मिल गई है।

भारतीय वैज्ञानिकों ने अपनी जिस प्रथम परमाणु युक्ति का भूमिगत परीक्षण किया है, उसमें प्लूटोनियम-239 द्रव्य का इस्तेमाल हुआ है। पहले हम बता चुके हैं कि यह प्लूटोनियम परमाणु कुंडों में यूरेनियम-238 से तैयार होता है। परमाणु कुंड में यूरेनियम के जो दंड स्थापित किए जाते हैं, उनके यू-235 के नाभिक विखंडित होकर ऊर्जा प्रदान करते हैं, परंतु उन्हीं दंडों के यू-238 के नाभिक न्यूट्रोनों का अवशोषण करके प्लूटोनियम में बदल जाते हैं। इन दंडों को परमाणु कुंड से बाहर निकालकर विशिष्ट विधियों से प्लूटोनियम को अलग किया जाता है। हमारे देश में तुर्भे में प्लूटोनियम को प्राप्त करने के लिए एक प्लांट स्थापित किया गया है। प्लूटोनियम को पृथक करने की प्रक्रिया काफी जटिल है और घातक भी है। प्लूटोनियम एक अत्यंत विषैली धातु है।

चूंकि हमारे कुछ परमाणु कुंडों के लिए संवर्धित यूरेनियम विदेशों से मिला है, इसलिए इनमें तैयार हुए प्लूटोनियम का हिसाब हमें इन देशों को देना पड़ता है। परंतु भारतीय वैज्ञानिकों ने अपने बल पर भी तुर्भे में कुंडों का निर्माण किया है, जिनमें निर्मित प्लूटोनियम का ये स्वेच्छानुसार इस्तेमाल कर ही सकते हैं। आगे जाकर यूरेनियम की तरह इस प्लूटोनियम से भी ऊर्जा प्राप्त करके बिजली बनाना संभव होगा।

भारतीय वैज्ञानिकों ने अपनी प्रथम परमाणु युक्ति में रचना की 'इंप्लोजन पद्धति' का उपयोग किया है। इसमें एक गोलाकार खोल की भीतरी सतह पर यूरेनियम या प्लूटोनियम के उपक्रांतिक द्रव्यमान वाले कई टुकड़े स्थापित किए जाते हैं। इनके पीछे की गोलाकार सतह पर विस्फोटक रसायन स्थापित किए जाते हैं और तकनीकी व्यवस्था इस प्रकार की रहती है कि विस्फोटित रसायन के दाब से चंद माइक्रोसेकंड में ये सारे टुकड़े उस गोलाकार खोल के केंद्र में पहुंचकर एकत्र हो जाएं। वहां बेरिलियम जैसे तत्व से न्यूट्रोन कण प्राप्त करने की व्यवस्था मौजूद रहती है। चूंकि एक साथ उस गोल के केंद्र में पहुंचा हुआ यह नाभिकीय द्रव्य अतिक्रांतिक होता है, इसलिए क्षणांश में विखंडन की शृंखला संपन्न हो जाती है और सारी ऊर्जा विस्फोट के रूप में बाहर आ जाती है।

अनुमान है कि भारतीय वैज्ञानिकों ने अपनी जिस प्रथम परमाणु युक्ति का परीक्षण किया है, उसमें करीब दस किलोग्राम प्लूटोनियम का इस्तेमाल हुआ था। और, यह भी जानकारी मिली है कि इस भूमिगत विस्फोट की शक्ति 15 किलोटन टी.एन.टी. के तुल्य थी। टी.एन.टी. का अर्थ है–ट्राइ-नाइट्रो-टोल्यूआल, जो एक अत्यंत विस्फोटक रसायन होता है। अतः करीब दस किलोग्राम प्लूटोनियम के नाभिकों का विखंडन होने से लगभग उतनी ही ऊर्जा प्राप्त हुई, जितनी की 15,000 टन टी.एन.टी. का विस्फोट करने से प्राप्त हो सकती है। कुछ देशों ने 5,00,00,000 टन टी.एन.टी. शक्ति के भी परमाणु बम बनाए हैं।

किसी भी परमाणु युक्ति का जब विस्फोट होता है, तो उसके साथ शक्तिशाली विस्फोट तरंगें, प्रकाश विकिरण तथा भेदक किरणें जन्म लेती हैं। साथ ही, समीप के क्षेत्र में, हवा-पानी में, रेडियोधर्मिता फैल जाती है। भारत की प्रथम परमाणु युक्ति का परीक्षण जमीन के भीतर हुआ, इसलिए, भूकंप जैसी विस्फोट तरंगों को धरातल की चट्टानों ने झेल लिया, भेदक विकिरण भी धरातल के नीचे ही रह गया। इस विस्फोट से धरातल के ऊपर कोई विशेष धूल नहीं उड़ी, इसलिए रेडियोधर्मिता वायुमंडल में भी नहीं फैली। इसीलिए हम कहते हैं कि भारत का यह पहला परमाणु विस्फोट वस्तुतः एक अंतःविस्फोट था।

एक स्वनिर्मित परमाणु युक्ति का सफलतापूर्वक अंतःविस्फोट करके भारतीय वैज्ञानिकों ने नाभिकीय विज्ञान तथा जटिल तकनीकी के क्षेत्र में एक नई मंजिल तय की है। इस सफलता से भारतीय प्रतिभा के बारे में बाहर वालों ने जो भी राय बनाई हो, स्वयं हमें अब इस बात का एहसास हो जाना चाहिए कि बहुत-सी बातों के लिए अब बाहर वालों पर निर्भर रहना आवश्यक नहीं है।

परमाणु युक्ति का पहली बार ही भूमिगत परीक्षण करने वाला देश भारत ही है। कारण यह है कि हमें इस परमाणु शक्ति का सदुपयोगी कार्यों के लिए ही इस्तेमाल करना है। ऐसे परमाणु परीक्षणों के भविष्य में बड़े लाभ हैं। इनसे नहरें बनाई जा सकती हैं, बांध खड़े किए जा सकते हैं, कृत्रिम बंदरगाह तैयार किए जा सकते हैं।

भविष्य में वैज्ञानिक ऐसे और भी परमाणु परीक्षण करेंगे। यहां दी गई यह जानकारी शांतिमय कार्यों के लिए समर्पित भारतीय परमाणु परीक्षणों को समझने में कुछ सहायक सिद्ध होगी।

परिशिष्ट-8

परमाणु-ऊर्जा — फायदे और खतरे

आज के युग में परमाणु-ऊर्जा का बड़ा महत्व है। परमाणु-ऊर्जा से जहाज चलते हैं, पनडुब्बियां चलती हैं। सौर-मण्डल के बाहर भेजे गए अंतरिक्षयानों में परमाणु-ऊर्जा का उपयोग हुआ है। कैंसर जैसे रोगों की चिकित्सा में भी इसका इस्तेमाल होता है। परमाणु-ऊर्जा के और भी अनेक उपयोग हैं।

दूसरी तरफ, परमाणु-ऊर्जा के भयंकर खतरे भी हैं। एटम-बम तथा हाइड्रोजन-बम के विस्फोट में बड़े पैमाने पर परमाणु-ऊर्जा पैदा होती है और भारी तबाही मचती है। परमाणु-ऊर्जा आदमी और दूसरे प्राणियों को बड़ा नुकसान पहुंचा सकती है। इस प्रकार, परमाणु-ऊर्जा के फायदे हैं, तो खतरे भी। ऐसी चीज के बारे में सबको, बच्चों को भी, थोड़ी-बहुत जानकारी अवश्य होनी चाहिए। आज के युग में यह जानना अत्यंत जरूरी है कि परमाणु-ऊर्जा क्या है, कैसे पैदा होती है, इसके क्या-क्या लाभ हैं और क्या-क्या खतरे हैं।

सबसे पहले परमाणु की बनावट को ठीक से समझना जरूरी है। संसार में जितनी भी चीजें हैं वे करीब सौ मूल तत्वों से बनी हैं। जैसे—हाइड्रोजन के दो परमाणुओं और ऑक्सीजन के एक परमाणु के मेल से पानी का एक अणु बनता है। हाइड्रोजन और ऑक्सीजन मूल तत्व हैं। कार्बन, नाइट्रोजन, लोहा, तांबा, यूरेनियम, थोरियम आदि भी मूल तत्व हैं।

प्रत्येक तत्व के सबसे छोटे कण को परमाणु (एटम) कहते हैं। हर तत्व के परमाणु की अपनी एक अलग पहचान होती है। परमाणु इतने छोटे होते हैं कि एक सुई की नोक पर 10 करोड़ परमाणु टिक सकते हैं।

लेकिन परमाणु इतना छोटा होने पर भी ठोस कण नहीं होता। परमाणु के केंद्र में एक नन्ही-सी गुठली होती है, जिसे नाभिक (न्यूक्लियस) कहते हैं। इस नाभिक के इर्द-गिर्द कम-ज्यादा संख्या में इलेक्ट्रोन नाम के सूक्ष्म कण तेजी से चक्कर लगाते रहते हैं। जिस प्रकार सौर-मंडल के ग्रह सूर्य का चक्कर लगाते हैं, कुछ-कुछ उसी तरह परमाणु के भीतर के इलेक्ट्रोन कण उसके नाभिक का चक्कर लगाते रहते हैं।

परमाणु का नाभिक बहुत छोटा होता है। थोड़ी देर के लिए कल्पना करो कि परमाणु उतना ही बड़ा है जितनी कि हमारी पृथ्वी (पृथ्वी का व्यास लगभग 13 हजार किलोमीटर है)। तब इलेक्ट्रोन मुश्किल से फुटबाल के आकार के होंगे और पृथ्वी की सतह पर दौड़ते नजर आएंगे। परमाणु का नाभिक तब 130 मीटर चौड़ी गेंद के बराबर होगा।

मतलब यह कि परमाणु का नाभिक बहुत छोटा होता है। परमाणु के भीतर बहुत-सारी खाली जगह होती है। परमाणु के इस नन्हे नाभिक से ही परमाणु-ऊर्जा पैदा होती है। इसलिए नाभिक की बनावट को ठीक से समझना जरूरी है।

जिस तरह परमाणु एक ठोस कण नहीं है, उसी तरह परमाणु के भीतर का नाभिक भी ठोस नहीं है। नाभिक कई तरह की छोटी-छोटी कणिकाओं से बना होता है। नाभिक के भीतर की दो मुख्य कणिकाएं हैं–प्रोटोन और न्यूट्रोन।

इस तरह, परमाणु के भीतर तीन प्रमुख कणिकाएं होती हैं। परमाणु के नाभिक के भीतर प्रोटोन तथा न्यूट्रोन होते हैं और इलेक्ट्रोन उस नाभिक का चक्कर लगाते रहते हैं। प्रोट्रोन और न्यूट्रोन कणिकाएं इलेक्ट्रोन से लगभग दो हजार गुना भारी होती हैं। इसलिए परमाणु का अधिकतर द्रव्य इसके नाभिक में ही मौजूद होता है।

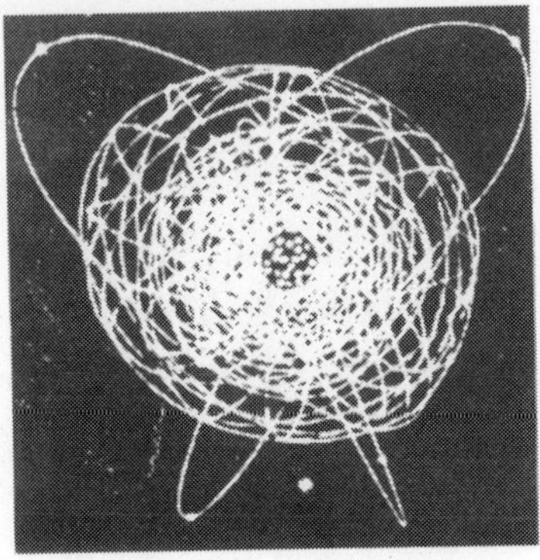

चित्र : परि.-8.1 : यूरेनियम का परमाणु

अलग-अलग तत्वों के परमाणुओं में प्रोटोनों, न्यूट्रोनों और इलेक्ट्रोनों की संख्या अलग-अलग रहती है। जैसे, सामान्य हाइड्रोजन के परमाणु के नाभिक में केवल

एक प्रोटोन होता है और केवल एक इलेक्ट्रोन इसका चक्कर लगाता है। हीलियम तत्व के परमाणु के नाभिक में दो प्रोटोन तथा दो न्यूट्रोन होते हैं और दो इलेक्ट्रोन इनका चक्कर लगाते हैं। यूरेनियम तत्व के परमाणु के नाभिक में 92 प्रोटोन तथा 146 न्यूट्रोन होते हैं और 92 इलेक्ट्रोन इनका चक्कर लगाते रहते हैं। प्रोटोन और न्यूट्रोनों की संख्याओं को जोड़ने से 'परमाणु का द्रव्यमान' पता चलता है। इस तरह, हाइड्रोजन के परमाणु का द्रव्यमान 1, हीलियम का 4 और यूरेनियम का 238 है।

किसी भी एक तत्व के परमाणु में जितने प्रोटोन होते हैं, उतने ही इलेक्ट्रोन होते हैं। मगर एक ही तत्व के परमाणु के नाभिक में न्यूट्रोनों की संख्या कम-ज्यादा हो सकती है। इसके अनुसार एक ही तत्व के कई किस्म के परमाणु हो सकते हैं। एक ही तत्व के भिन्न-भिन्न किस्म के इन परमाणुओं को उस तत्व के समस्थानिक (आइसोटोप) कहते हैं। जैसे–हाइड्रोजन के तीन आइसोटोप हैं–सामान्य हाइड्रोजन, ड्यूटेरियम और ट्राइटियम। यूरेनियम के भी तीन समस्थानिक हैं–यूरेनियम-238, यूरेनियम-235 और यूरेनियम-234। परमाणु-ऊर्जा के निर्माण में हाइड्रोजन और यूरेनियम के समस्थानिकों का बुनियादी महत्व है।

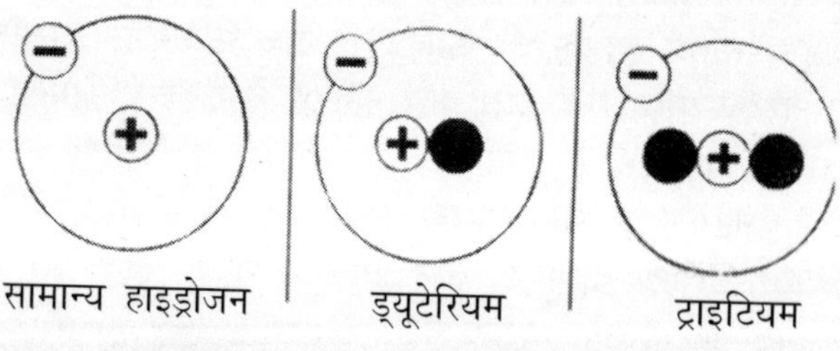

चित्र : परि.-8.2 : हाइड्रोजन परमाणु के तीन प्रकार

अब हम ऊर्जा पर विचार करेंगे। लकड़ी, कोयला या खनिज तेल जलता है, तो ताप और उजाला पैदा होता है, ऊर्जा उत्पन्न होती है। इसे हम 'रासायनिक ऊर्जा' कहते हैं। दो या अधिक रासायनिक वस्तुओं के मेल से यह ऊर्जा पैदा होती है। किसी भी रासायनिक क्रिया में परमाणुओं के केवल बाहरी इलेक्ट्रोन ही भाग लेते हैं। तेल या कोयला जलता है अथवा अन्य कोई रासायनिक क्रिया होती है, तो परमाणु के नाभिक को कोई धक्का नहीं पहुंचता।

परमाणु-ऊर्जा का संबंध परमाणु के नाभिक से है। परमाणु के नाभिक में प्रोटोन, न्यूट्रोन आदि कणिकाएं एक जबरदस्त शक्ति के जरिए आपस में जुड़ी

रहती हैं। यही कारण है कि नाभिक को तोड़ना आसान काम नहीं होता। परंतु नाभिक एकदम स्थिर नहीं होता। उसमें भी हमेशा हलचल मची रहती है। यूरेनियम और रेडियम जैसे कुछ भारी तत्वों के नाभिक अपने-आप ही बहुत धीरे-धीरे टूटते रहते हैं। जब इन तत्वों के नाभिकों से छोटी-छोटी कणिकाएं और किरणें बाहर निकलती रहती हैं।

मारी क्यूरी ने 1898 ई. में पहली बार खोज की थी कि रेडियम तत्व से शक्तिशाली किरणें बाहर निकलती रहती हैं। इसलिए जिन तत्वों के नाभिकों से रेडियम की तरह की किरणें बाहर निकलती हैं उन्हें 'रेडियोधर्मी' तत्व कहते हैं। रेडियोधर्मी तत्वों के नाभिक से जो सूक्ष्म कणिकाएं और किरणें बाहर आती हैं उनमें बड़ी शक्ति होती है। परमाणु के नाभिक के भीतर से बाहर आने वाली कणिकाओं और किरणों को ही परमाणु-ऊर्जा कहते हैं।

प्रकृति में ऐसे बहुत थोड़े तत्व हैं जिनके नाभिक अपने आप टूटते रहते हैं। इन्हें प्राकृतिक रेडियोधर्मी तत्व कहते हैं। परंतु अब वैज्ञानिक लगभग हर तत्व के परमाणु को रेडियोधर्मी बना सकते हैं। इसके अलावा, कुछ भारी तत्वों के परमाणुओं के नाभिकों को भी तोड़ना संभव हो गया है। ये नाभिक जब टूटते हैं, तो छोटी-छोटी कणिकाएं तेजी से बाहर दौड़ती हैं। साथ ही शक्तिशाली किरणें भी फूटती हैं। इन कणिकाओं और किरणों की शक्ति को ही परमाणु-ऊर्जा कहते हैं। चूंकि यह ऊर्जा परमाणु के नाभिक के भीतर से निकलती है, इसलिए इसे नाभिकीय ऊर्जा (न्यूक्लियर एनर्जी) कहना बेहतर होगा।

अब हम एक ठोस उदाहरण लेंगे। यूरेनियम एक तत्व है। प्राकृतिक यूरेनियम की तीन किस्मों में दो प्रमुख हैं–यूरेनियम-238 (यू-238) और यूरेनियम-235 (यू-235)। मगर प्राकृतिक यूरेनियम में यू-235 की मात्रा बहुत कम रहती है। एक हजार किलोग्राम प्राकृतिक यूरेनियम में यू-235 केवल 7 किलोग्राम होता है, और इसी यू-235 से परमाणु-ऊर्जा प्राप्त होती है, इसी से एटम-बम बनते हैं।

परमाणु-ऊर्जा प्राप्त करने की दो विधियां हैं। एक में परमाणुओं के नाभिकों को तोड़ा जाता है और दूसरी में परमाणुओं के नाभिकों को जोड़ा जाता है। पहली 'विखंडन' की विधि कहलाती है और दूसरी 'संलयन'। एटम-बम की ऊर्जा नाभिकों के विखंडन की ऊर्जा है। हाइड्रोजन-बम की ऊर्जा संलयन की ऊर्जा है; इसे हम 'तापनाभिकीय ऊर्जा भी कहते हैं।

यहां हम प्रमुखतः विखंडन की ऊर्जा पर विचार करेंगे। इस ऊर्जा का मुख्य ईंधन है–प्राकृतिक यूरेनियम, जिसके दो महत्वपूर्ण घटक हैं, यू-235 और यू-238।

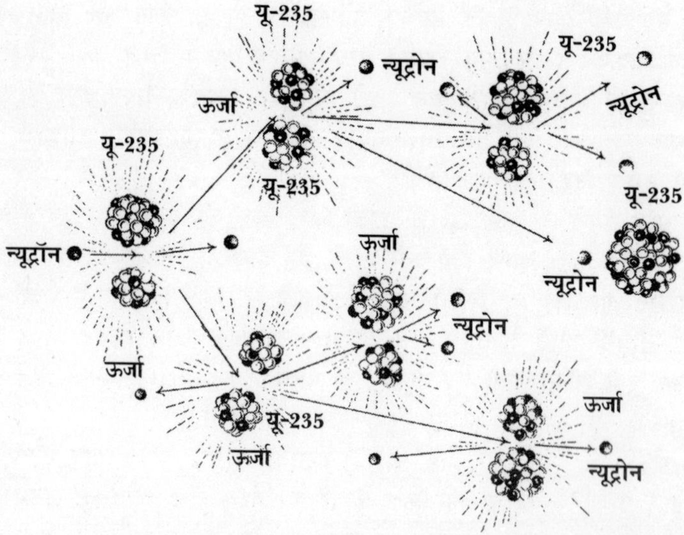

चित्र : परि.-8.3 : न्यूट्रोन के आघातों से यूरेनियम-235 का लगातार विखंडन और ऊर्जा का उत्पादन

इनमें से यू-235 के नाभिकों को मंद न्यूट्रोन कणों से तोड़कर ऊर्जा प्राप्त की जा सकती है। यदि कोई न्यूट्रोन कण यू-235 के नाभिक पर चोट करता है, तो उसके दो टुकड़े हो जाते हैं। साथ ही, औसतन तीन नए न्यूट्रोन कण और दूसरी कुछ कणिकाएं जन्म लेती हैं। ये तीन नए न्यूट्रोन कण आगे तीन और यू-235 के नाभिकों को तोड़ते हैं। इस प्रकार, बड़ी तेजी से अरबों-खरबों नाभिक टूट जाते हैं। इसके साथ ही किरणों और कणिकाओं के रूप में भारी मात्रा में परमाणु-ऊर्जा पैदा होती है।

जैसा कि पहले बताया गया है, प्राकृतिक यूरेनियम में यू-235 के अलावा बड़ी संख्या में यू-238 के परमाणु भी होते हैं। विखंडन की क्रिया में यू-235 के नाभिक तो टूटते हैं, मगर यू-238 के परमाणुओं का क्या होता है? न्यूट्रोन कण जब यू-238 के परमाणु पर चोट करता है, तो वह एक नए तत्व प्लूटोनियम में बदल जाता है। फिर इस प्लूटोनियम के नाभिकों को आसानी से तोड़ा जा सकता है, और ऊर्जा प्राप्त की जा सकती है। इससे एटम-बम भी बन सकते हैं। प्लूटोनियम मानव-निर्मित तत्व है।

इस प्रकार, यूरेनियम-235 और प्लूटोनियम के नाभिकों को तोड़ा जाए, तो हमें परमाणु-ऊर्जा मिलती है। इनको न्यूट्रोन कणों से धीरे-धीरे तोड़ने की व्यवस्था

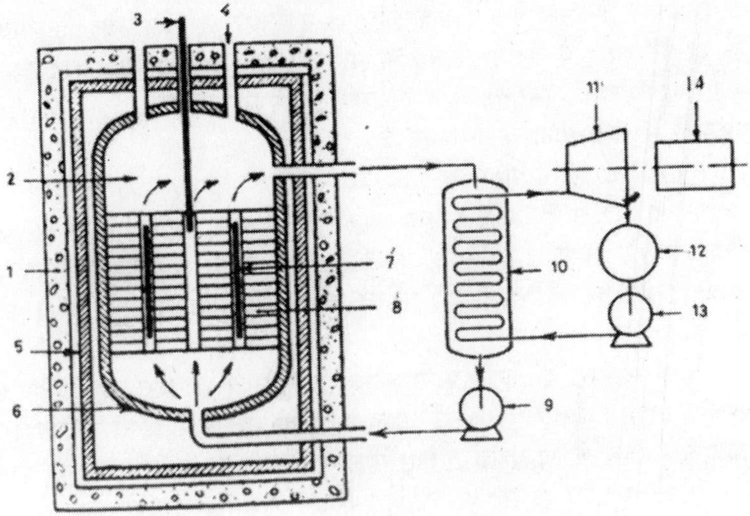

चित्र : परि.-8.4 : परमाणु बिजलीघर की संरचना

1. कंक्रीट का कवचन, 2. शीतक, 3, नियंत्रक दंड, 4. ईंधन बदलने का प्रवेश-द्वार, 5. ऊष्मा कवच, 6. दाबपात्र, 7. ईंधन दंड, 8. ग्रेफाइट, 9. शीतक पंप, 10. उष्णता विनिमयक, 11. भाप, 12. भाप शीतक, 13. पंप, 14. बिजली जेनरेटर।

की जाए तो धीरे-धीरे ऊर्जा मिलती है। इन्हें यदि एक झटके के साथ तोड़ने का इंतजाम किया जाए तो एक भयंकर विस्फोट के रूप में भीषण ऊर्जा पैदा होती है। जिस व्यवस्था में यू-235 और प्लूटोनियम के नाभिकों को धीरे-धीरे तोड़ा जाता है, उसे 'परमाणु रिएक्टर' कहते हैं। लेकिन इनके नाभिक जब एक साथ टूटते हैं, तो भयंकर विस्फोट होता है। इसे हम एटम-बम कहते हैं।

रिएक्टर के भीतर यूरेनियम-235 और प्लूटोनियम के नाभिकों के टूटने से कणिकाओं और किरणों के रूप में जो ऊर्जा पैदा होती है उसे बाहर निकालने के लिए पानी का इस्तेमाल होता है। पानी की भाप बनती है। भाप की शक्ति से जेनरेटर चलते हैं और बिजली पैदा होती है।

यदि रिएक्टर के सामान्य यूरेनियम (यू-235 व यू-238) ईंधन का उपयोग किया जाए तो उसमें से ऊर्जा बाहर निकालने के लिए भारी पानी का प्रयोग करना पड़ता है। सामान्य पानी और भारी पानी में अंतर यह है कि जहां सामान्य पानी के अणु में ऑक्सीजन का एक और सामान्य हाइड्रोजन के दो अणु होते

हैं, वहां भारी पानी के अणु में ऑक्सीजन का एक और भारी हाइड्रोजन (ड्यूटेरियम) के दो परमाणु होते हैं। हमारे देश में मनगुरू (आंध्र प्रदेश), कोटा (राजस्थान), हजीरा व वड़ोदरा (गुजरात), थाल (महाराष्ट्र), तूतीकोरिन (तमिलनाडु) और नांगल (पंजाब) में भारी पानी के कारखाने हैं।

प्राकृतिक यूरेनियम में यू-235 की मात्रा को लगभग 95 प्रतिशत तक बढ़ाया जा सकता है, हालांकि यह काफी कठिन और खर्चीला काम है। ऐसे यूरेनियम को 'संवर्धित यूरेनियम' कहते हैं। रिएक्टर में संवर्धित यूरेनियम का उपयोग करने पर भारी पानी की जरूरत नहीं पड़ती, सामान्य पानी से ही काम चल जाता है।

दूसरे महायुद्ध के दौरान परमाणु-ऊर्जा के युग की शुरुआत हुई। संसार का पहला परमाणु बिजलीघर 1954 ई. में बना। हमारे देश में मुंबई से लगभग 100 किलोमीटर उत्तर में जो पहला तारापुर परमाणु बिजलीघर बना उसमें 1969 ई. से बिजली का उत्पादन हो रहा है। तारापुर परमाणु बिजलीघर विदेशी मदद से बना था और उसमें संवर्धित यूरेनियम और सामान्य पानी का उपयोग होता है।

तारापुर के बाद देश में जो परमाणु बिजलीघर बने उन सब में शुद्ध यूरेनियम और भारी पानी का इस्तेमाल होता है। आज देश में 12 रिएक्टर बिजली पैदा कर रहे हैं। इनमें दो-दो रिएक्टर तारापुर (महाराष्ट्र), कोटा (राजस्थान), कलपक्कम (तमिलनाडु), नरोरा (उत्तर प्रदेश) और ककरापार (गुजरात) में हैं। साथ ही, केगा (कर्नाटक) और रावतभाटा (राजस्थान) के परमाणु बिजलीघरों की एक-एक इकाई भी बिजली पैदा कर रही है। इनके अलावा, तारापुर में दो नए और कलपक्कम (तमिलनाडु) में हजार-हजार मेगावाट के दो रिएक्टर निर्माणाधीन हैं। आज देश में करीब 1500 मेगावाट परमाणु बिजली पैदा होती है।

अब प्रश्न है–इन परमाणु रिएक्टरों में जो नया प्लूटोनियम ईंधन तैयार होता है, उसका क्या उपयोग होगा?

प्लूटोनियम से एटम-बम बन सकते हैं और इससे बिजली भी पैदा की जा सकती है। विशेष प्रकार के परमाणु रिएक्टरों में, जिन्हें द्रुतगति ईंधन-जनक रिएक्टर (फास्ट ब्रीडर रिएक्टर) कहते हैं, यूरेनियम या थोरियम के साथ प्लूटोनियम-ईंधन का इस्तेमाल करके कई गुना अधिक ऊर्जा प्राप्त की जा सकती है। ऐसे रिएक्टरों में स्थापित ईंधन से अधिक परमाणु-ईंधन तैयार होता है और इसमें नाभिकों के विखंडन के लिए द्रुतगति न्यूट्रोनों का इस्तेमाल होता है। हमारे देश में कलपक्कम (तमिलनाडु) में प्रायोगिक स्तर का एक द्रुतगति ईंधन-जनक रिएक्टर बन चुका है और अब वहीं पर वैसा ही एक बड़ा रिएक्टर निर्माणाधीन

चित्र : परि.-8.5 : राजस्थान परमाणु बिजलीघर के दो रिएक्टर

है। ऐसे रिएक्टरों में थोरियम ईंधन का इस्तेमाल होगा।

थोरियम एक रेडियोधर्मी तत्व है और तमिलनाडु तथा केरल के समुद्रतटों की मोनाजाइट बालू में खनिज के रूप में यह बड़ी मात्रा में उपलब्ध है। थोरियम के परमाणुओं को न्यूटान कणों से विखंडित करके यूरेनियम-233 में बदला जा सकता है, जो एक कृत्रिम परमाणु-ईंधन है। भारतीय वैज्ञानिकों ने थोरियम से कृत्रिम यूरेनियम-233 प्राप्त करने की विधि खोज ली है और वे अब इससे सीधे ऊर्जा प्राप्त कर सकने वाले रिएक्टर के विकास में जुटे हुए हैं। भारतीय परमाणु-ऊर्जा कार्यक्रम का लक्ष्य ही है—अपने देश में भरपूर उपलब्ध थोरियम से परमाणु-ऊर्जा प्राप्त करना।

हाइड्रोजन-बम के विस्फोट में परमाणुओं के संलयन की ऊर्जा प्राप्त होती है। इस ऊर्जा का ईंधन है—भारी हाइड्रोजन यानी ड्यूटेरियम। हमारी धरती के सागरों के पानी में यह ईंधन पर्याप्त मात्रा में मौजूद है। पिछले अनेक वर्षों से वैज्ञानिक संलयन की नियंत्रित ऊर्जा को प्राप्त करने के प्रयासों में जुटे हुए हैं।

परमाणु रिएक्टरों में पैदा होने वाले रेडियोधर्मी समस्थानिकों के कई लाभ हैं। इनसे कैंसर का इलाज होता है। पशुओं की नस्लें और पौधों की किस्में सुधारी जा सकती हैं। कई उद्योग-धंधों में भी इनका उपयोग होता है। हमारे देश में 'ध्रुव' और

'सायरस' नामक रिएक्टरों में रेडियोधर्मी समस्थानिक पैदा किए जाते हैं।

परमाणु-ऊर्जा के कई खतरे भी हैं। रिएक्टर में दुर्घटना हो सकती है। रिएक्टरों में पैदा होने वाली टनों रेडियोधर्मी 'राख' को सैकड़ों-हजारों साल तक सुरक्षित दफनाने की समस्या अभी सुलझी नहीं है। परंतु परमाणु-ऊर्जा को अब हम छोड़ भी नहीं सकते। एटमी हथियारों को खत्म कर दिया जाए और रेडियोधर्मी विकिरण से सुरक्षा के कारगर उपाय खोजे जाएं, तो परमाणु-ऊर्जा हमारे लिए एक महान वरदान सिद्ध हो सकती है।

परिशिष्ट-9

परमाणु कचरे को दफनाने की समस्या

परमाणु-बिजलीघरों के रिएक्टरों में यूरेनियम, प्लूटोनियम और थोरियम जैसे रेडियोधर्मी ईंधनों का इस्तेमाल होता है। ये ईंधन रिएक्टरों में एक तरफ ऊर्जा पैदा करते हैं, तो दूसरी तरफ काफी मात्रा में रेडियोधर्मी राख भी तैयार करते हैं। इस रेडियोधर्मी राख या कूड़े को हम नष्ट नहीं कर सकते। राख की रेडियोधर्मिता जमीन और वायुमंडल में फैल सकती है, जल, वनस्पति और दूध से पहुंच सकती है, आदमी और जीव-जंतुओं के लिए जानलेवा बन सकती है। ताप-बिजलीघरों को बंद या नष्ट कर देने में कोई कठिनाई नहीं है। लेकिन परमाणु-बिजलीघरों के मामले में ऐसा नहीं है। आम तौर पर परमाणु-बिजलीघर करीब 30 साल तक काम करते हैं। इस दौरान समूचा रिएक्टर, उसे घेरनेवाली मोटी दीवारें और दूसरे अनेक कल-पुर्जे रेडियोधर्मी बन जाते हैं। परमाणु-बिजलीघर को बंद कर देने के बाद भी उसे खुला नहीं छोड़ा जा सकता, पूरी तरह नष्ट नहीं किया जा सकता।

इसलिए आज परमाणु-ऊर्जा के दोहन से जुड़ी सबसे बड़ी समस्या है—रेडियोधर्मी राख और कूड़े-करकट को लंबे समय के लिए किसी सुरक्षित स्थान पर दफनाना। यह समस्या भारत के सामने भी है। तारापुर, राणा प्रताप सागर और कलपक्कम के परमाणु-बिजलीघरों के रिएक्टरों से रेडियोधर्मी कूड़ा-करकट जमा हो रहा है। चंद साल बाद तारापुर के रिएक्टरों को बंद कर देना

होगा। राणा प्रताप सागर के प्रथम रिएक्टर में कुछ तकनीकी खराबियां आ गई हैं, इसलिए शायद उसे उसका कार्यकाल पूरा होने से पहले ही बंद कर देना जरूरी हो जाए। इस सारे रेडियोधर्मी मलबे के लिए सुरक्षित कब्रिस्तान खोजना बहुत बड़ी समस्या है।

भूतपूर्व सोवियत संघ के चेनोबिल का दुर्घटनाग्रस्त रिएक्टर भविष्य की सैकड़ों पीढ़ियों के लिए एक ज्वलंत समस्या बना रहेगा। अभी तो उसे बड़ी मेहनत से सीलबंद कर दिया गया है। लेकिन उसकी रेडियोधर्मिता आगे सदियों और सहस्राब्दियों तक कायम रहेगी। इस पर निरंतर नजर रखनी होगी कि उसकी रेडियोधर्मिता रिस कर आस-पास के पानी में न फैल जाए। आज दुनिया-भर में करीब 400 परमाणु-रिएक्टर बिजली पैदा कर रहे हैं। नए रिएक्टर भी स्थापित किए जा रहे हैं। इसलिए इन रिएक्टरों में पैदा होने वाली रेडियोधर्मी राख और बंद किए जाने वाले रिएक्टरों के मलबे को सुरक्षित स्थानों पर दफनाने की समस्या दिनोदिन जटिल बनती जा रही है।

प्रकृति में कुछ ऐसे तत्व हैं, जिनके परमाणुओं के नाभिक स्वयंमेव विखंडित होकर अल्फा, बीटा और गामा आदि किरणों या सूक्ष्म कणिकाओं का सतत छितराव करते रहते हैं। नाभिक की इसी विशेषता को 'रेडियोधर्मिता' कहते हैं। ये किरणें और कणिकाएं दूसरे तत्वों के परमाणुओं को भी रेडियोधर्मी बनाने की क्षमता रखती हैं। मिट्टी में, चट्टानों में कुछ रेडियोधर्मी तत्व (यूरेनियम, रेडियम, थोरियम आदि) मौजूद हैं, इसलिए धरती का मानव उनकी रेडियोधर्मिता को आरंभ से ही झेलता आ रहा है। लेकिन यह प्राकृतिक रेडियोधर्मिता काफी कम है।

रेडियोधर्मी तत्वों के मलबे को नष्ट कर देना भी संभव नहीं है। किसी भी जैविक या रासायनिक विधि से रेडियोधर्मिता को खत्म नहीं किया जा सकता। भगवद्गीता में जीवात्मा के संबंध में की गई यह बात रेडियोधर्मी तत्वों पर शब्दशः लागू होती है–नैनं छिन्दन्ति शस्त्राणि नैनं दहति पावकः, न चैनं क्लेदयन्त्यापो न शोषयति मारुतः (इसे शस्त्र काट नहीं सकते, आग जला नहीं सकती; पानी इसे भिगो नहीं सकता, न हवा सुखा सकती है।)

रेडियोधर्मी तत्वों के नाभिक अपनी अलग-अलग रफ्तार से टूटते रहकर निरंतर किरणों और कणिकाओं का उत्सर्जन करते रहते हैं। इस क्रिया को कोई भी शक्ति रोक नहीं सकती, कम-ज्यादा नहीं कर सकती। कुछ तत्वों के नाभिक तेजी से विखंडित होते हैं, इसलिए वे कुछ सेकंडों या मिनटों में ही खत्म हो जाते हैं। लेकिन कई ऐसे भी तत्व हैं जिनके नाभिक धीरे-धीरे टूटते हैं, इसलिए उनकी रेडियोधर्मिता दसियों, सैकड़ों और हजारों सालों तक बरकरार रहती है।

रिएक्टरों में पैदा होने वाले कई रेडियोधर्मी तत्व तो कुछ घंटों या दिनों में नष्ट हो जाएंगे, परंतु कुछ तत्व आगे हजारों और लाखों साल तक रेडियो-सक्रिय बने रहेंगे।

रिएक्टरों से निकाली गई राख या मलबे को पहले पानी के कुंडों में छोड़ दिया जाता है। कुछ दिनों में जब कम अर्धायु वाले पदार्थ विघटित हो जाते हैं, तब शेष मलबे में से प्लूटोनियम तथा दूसरे उपयोगी तत्वों को अलग कर लिया जाता है। फिर पानी को साफ करके नदियों या समुद्र में छोड़ दिया जाता है, या तालाबों में जमा किया जाता है, ताकि वह भाप बनकर उड़ जाए। तब भी ऐसा काफी मलबा शेष बचता है, जिसमें लंबी अवधि तक टिकने वाले रेडियोधर्मी पदार्थ मौजूद होते हैं। समस्या है कि इन्हें कहां रखें।

इस समस्या का एक तात्कालिक हल खोजा गया है। जिन तत्वों की रेडियोधर्मिता कम समय तक कायम रहती है, उनके जलमय मलबे को परमाणु-बिजलीघरों के आस-पास तैयार की गई फौलादी दीवारों वाली सीमेंट-कंक्रीट की खंदकों में बंद कर दिया जाता है। लेकिन मलबे में मौजूद जिन तत्वों की रेडियोधर्मिता हजारों-लाखों साल तक कायम रहती है, उन्हें एक विशेष कारखाने में सघन बनाकर कांच के साथ मिलाया जाता है। फिर इस कांचमय मलबे को फौलाद के सिलिंडरों में सीलबंद कर दिया जाता है। इस सारे जोखिम-भरे काम के लिए अब हमारे देश में एक कारखाना बन गया है। रेडियोधर्मी मलबे को फौलाद के ताबूतों में सीलबंद कर देने वाला यह कारखाना तारापुर (महाराष्ट्र) में है। ट्राम्बे और कलपक्कम में भी ऐसे कारखाने खड़े किए जा रहे हैं।

लंबी कालावधि तक रेडियोधर्मी बने रहने वाले नाभिकीय मलबे के ताबूतों को दफनाने के लिए एक कब्रिस्तान की व्यवस्था भी तारापुर के पास ही की गई है। इसे बनाने में आठ साल लगे हैं और 200 करोड़ रुपए खर्च हुए हैं। असल में यह बहुत बड़ा जमींदोज तहखाना है, जिसकी कंक्रीट की मोटी दीवारें फौलाद की चद्दरों से ढक दी गई हैं। भारत के परमाणु-बिजलीघरों में पैदा होने वाला दीर्घजीवी रेडियोधर्मी ठोस मलबा अब इसी तहखाने में रखा जाएगा। रेडियोधर्मी मलबे के इस कब्रिस्तान पर रात-दिन कड़ा पहरा रखा जाएगा। रेडियोधर्मी मलबे से पैदा होने वाली ऊष्मा को बाहर निकालने के लिए तहखाने में निरंतर हवा छोड़ी जाएगी। लेकिन यह व्यवस्था भी अस्थाई है और केवल 25 साल काम देगी। अंततः इस मलबे को किसी ऐसे स्थान पर दफनाना होगा जहां वह हजारों-लाखों साल तक बंद रह सके, मिट्टी तथा पानी को प्रदूषित न कर सके। कहां मिल सकता है ऐसा स्थान?

दुनिया के जो 26 देश आज परमाणु-ऊर्जा पैदा कर रहे हैं, उन सभी के लिए वह सवाल एक जटिल तकनीकी एवं राजनीतिक समस्या बन गया है। इसे हल करने के लिए अलग-अलग देशों में अलग-अलग उपाय खोजे जा रहे हैं। स्वीडन अपने दीर्घकालिक नाभिकीय मलबे को बाल्टिक समुद्र-तल के 50 मीटर नीचे दफनाने की योजना बना रहा है। फ्रांस अपने मलबे के लिए धरती पर ही कंक्रीट के घिरे हुए विशाल टीले खड़े करने वाला है। पश्चिमी यूरोप के कुछ देश खूब गहरी नमक-खानों में यह मलबा गाड़ने की योजना बना रहे हैं। पश्चिम के कुछ धनी देश अपना नाभिकीय मलबा मुआवजा देकर गरीब देशों में जमा रखना चाहते हैं। इस नाभिकीय मलबे को सुदूर अंतरिक्ष में छोड़ देने का प्रस्ताव भी सामने आया है। लेकिन इसमें अनेक कठिनाइयां हैं। फिलहाल इसे धरातल से करीब एक हजार नीचे, पुरानी बेकार हो चुकी खानों में जमा कर देना ही बेहतर हल माना जा रहा है। बंद किए गए रिएक्टरों के ऊपर भव्य पिरामिड खड़े कर देने की योजनाएं बन रही हैं।

भारत को भी इस मामले में सोचना है। तारापुर के उस तहखाने में से फौलाद के ताबूतों को निकालकर बहुत लंबी अवधि के लिए किसी ऐसे स्थान पर दफनाना होगा, जहां उन्हें कोई छू न सके, जहां पानी और मिट्टी में रेडियोधर्मिता न फैला सकें। बमबारी, भूकंप या चट्टानों के खिसकने से भी उन्हें कोई क्षति नहीं पहुंचनी चाहिए। भारत में इस काम के लिए कर्नाटक में कोलार की सोने की पुरानी गहरी खानों की वैज्ञानिक पड़ताल शुरू की गई थी।

परिशिष्ट-10

पारिभाषिक शब्दावली

हिंदी	अंग्रेजी
अंतःस्फोट	Improsion
अणु	Molecube
अनंत, असीम	Infinite
अपवर्जन नियम	Exclusion principle
अमावस्या	The junction of the moon and sun
अवसादन	Sedimentation
असंगति	Contradiction
आइंस्टाइन - बोस संघनन	Einstein - Bose condensation
आदर्श गैस	Ideal gas
आदिम महाविस्फोट	Big Bang
आयनीकरण	Ionization
ऊर्जा	Power
एटम-बम	Atom-Bomb
कक्षा	Orbit
कण, कणिका	Corpuscle, Partical
कण त्वरित्र	Partical accelerator
क्रांतिक द्रव्यराशि	Critical mass
क्वांटम विद्युत गतिकी	Quantum electro magnetic bottle
चुम्बकीय बोतल	dynamics
जल-ऊर्जा	Hybrid water
ज्वार-भाटा	Tide
ट्राईटियम	Tritium
ड्यूटेरियम	Deuterium
क्वांटम सिद्धांत	Quantum theory
जल शृंखला अभिक्रिया	Chin reaction
क्षीण नाभिकीय बल	Weak nuclear force
गामा-रे	Gamma ray
गैसों का अणुगति सिद्धांत	Kinetic theory of gasses
ग्लोबल वार्मिंग	Globale warming
तत्व, मूल तत्व	element

तेल	Oil
तीव्र - न्यूट्रोन	Fast neutron
तापनाभिकी अभिक्रिया	Thermo nuclear
थोरियम	Thorium
नाभिकीय ऊर्जा	Nuclear power
नाभिकीय विखंडन	Nuclear fission
निरपेक्ष, परम	Obsolute
परवलय	Parabola
परावर्तन	Reglection
पवन-ऊर्जा	Wind-power
परा यूरेनियम तत्व	Transuramic element
प्लूटोनियम	Plutonium
पश्चगमन, पुरस्सरण	Precession
प्रति कण	Anti-Particle
प्रबल, दृढ़ नाभिकीय अन्योन्य क्रिया	Strong nuclear interaction
प्रोटोन	Protain
बल, शक्ति	Force
भारी पानी	Heavy water
भौतिकी	Physics
महा विस्फोट	Big Bang
मूल कण	Elementory particle
मानव निर्मित	Man made
यांत्रिकी	Mechanics
रेडियो-तरंग	Radio waves
विकिरण	Radition
विखंडन	Fission
विद्युत आवेश	Electrical charge
विद्युत क्षीण बल	Electro weak force
विमंदक	Moderator
विद्युत चुम्बकीय बल	Electro magnetic force
विद्युत चुम्बकीय तरंगें	Electro magnetic waves
विराम दिव्यमान	Rest mass
विरोधाभास	Paradox
संगलन	Fusion
समुद्र	Sea
संगामी	Concurrent
संवेग	Momentum
समरस्थापित	Isotope